當上司腹中蟲、搭上晉升梯、
緊守住口風、巧用先批後讚……
從基層到管理，精準無誤踏上升遷的每一步

LIMBING
HE CAREER LADDER

職場攀登術

秦搏 — 編著

從平凡員工到
高層菁英的逆襲之路

批評有方　拒絕妙招　踏準跳板　當跳則跳

從基礎工作到人際互動，從批評拒絕到升遷跳槽的藝術

深入探討在職涯中取得成功的各種策略和技巧，
一本為現代職場人士量身打造的專屬實用指南！

目錄

第一章　批評的高明在於分寸

第二章　「拒」而不「絕」，職場法則

第三章　本職工作要做好

第四章　懂點人情世故沒壞處

第五章　把握一切機會，搭好「晉升梯」

第六章　不要猶豫，該跳還得跳

第一章

批評的高明在於分寸

批評的高明在於分寸，在於批評的技巧。正如藥片，裹一層糖衣，不僅減輕吃藥者的痛苦，而且使人很願意接受。批評的效果往往不在於言語的尖刻，而在於批評的技巧，在於你是否給批評加了一層「糖衣」。其實，批評也可以說得好聽，可以使人易於接受，以達到甜口良藥治病的效果。

1. 批評有方，良藥何必苦口

俗語說：「良藥苦口利於病，忠言逆耳利於行。」可是，到了現實生活中卻不完全是那麼回事，尤其是面對自己的上司。幾乎人人都愛聽讚美之詞，不願意聽評批之語，究其原因，一方面是因為大眾的接受心理；一方面主要是因為批評者不懂批評的方法，不善於掌控批評語言的分寸。

一般說來，對人進行說服、勸導，應當正面說理，嚴肅認真，但從人的心理角度考量，那些固執己見的人，往往不容易接受正面直言勸導。如果與他爭辯，更易弄得面紅耳赤，不歡而散。

所以，批評講究藝術，才能既達到批評的目的，又不至於傷害每個人都有的自尊心。批評若能做到「良藥不苦口」，才算是真正做到家了，以下幾個是批評藝術的核心原則。

(1) 批評的重點不在錯誤

一般的批評，只是把重點放在對方的「錯誤」上，卻並不指明對方應如何去糾正，因此得不到積極的效果。積極的批評，應在批評時，提出建設性意見，以利對方改正。被批評者也會更加意識到你批評得很有道理，心悅誠服。

(2) 批評要注意場合

某些批評本來是公正有理的，在合適的情況下有卓越的效果。但如果選的時間、地點不對，效果則截然相反。比如某人常常在同事面前被老闆批評，他一定會感到羞辱窘迫，甚至是不滿、憤怒。事後他最先想到的是同事們會有什麼看法和想法，而不會注意到老闆批評的內容。這樣不但批評沒有效果，反而會讓他產生其他想法。所以，如果你希望自己的批評獲得更大的效果，就應該注意說話的時間、地點，該一對一批評的就不能有第三者在場。當著不相干的第三者或眾人之面直接批評某人，不僅使被批評者沮喪或氣惱，還可能會使在場的每個人都感到尷尬，擔心「下次會不會輪到我」，從而與你在心理上產生疏遠感，等於是批評一個人，得罪一群人。

(3) 設身處地替對方想一想

設身處地有兩種方法：一種是讓被批評者站在批評者的角度，讓他想一想：「如果你是我，你想想，我出了這樣的錯，你會不會批評？」讓他換個位置來了解自己的過錯。二是讓批評者站在被批評者的角度，假如我是他，我對自己的過失是否已經有了很深刻的理解，甚至會主動檢討而不希望被人嚴厲喝斥？

雙方均為對方設身處地地想一想，在做出批評與接受批評方面就容易協調起來了。批評者也就能視對方過錯理解程度的深淺而掌控批評程度的分寸。

(4) 批評口氣要盡量委婉

被質問會使人產生一種不信任感，會把對方逼到敵對、自衛的死角。被訓斥會讓人覺得低人一等，被藐視，感覺人格上受到汙辱，會使對方感到很壓抑、反感。而口氣溫和、委婉，會使對方心理上產生內疚感，從而愉快地接受批評。因此批評時，態度要誠懇，語氣要溫和。得體的語調、表情或其他的身體語言，可以避免彼此意見溝通時的敵意。

(5) 使用旁敲側擊法，效果會更好

不直接批評對方，而用打比方、舉例子的辦法提醒對方，促使對方解除疑慮或恐懼，提高理解改正缺點。

有時，無聲的行為更甚於有聲的批評。例如有一個大老闆創辦了許多大型商店。他每天都要到商店去看看。一天他發現一個顧客在櫃檯前等著買東西，售貨員卻站在櫃檯的另一邊與人聊天。這時，這個大老闆沒說一句話，只是自己站到櫃檯後面，幫顧客拿了要買的東西。他的這種行動便是對售貨員的無聲批評。

以上幾種批評的方法若運用得合理恰當，能給批評方和被批評方都帶來相對平和的心態和較好的結果，反之不但會傷了和氣，還有可能造成不必要的誤解和分歧。

在我們的工作中，難免會出現上司對下屬的批評，但是，批評的目的是為了問題的解決，而不是為了增加下屬的心理負擔。因而批評方式的採用是為了批評目的服務的。只有批評方式恰當而合理，別人才會欣然接受，這樣的說話方式，別人才最愛聽。

2. 委婉批評，不能傷害下屬的自尊心

事實上，每個人都不喜歡被批評。被批評畢竟是件令人抗拒的事，但只要使用委婉批評的技巧，能把話說到重點上，每個人也都會樂意接受批評。

西方學者馬斯洛（Abraham Harold Maslow）在研究人的生存需求的五個層次時，把尊嚴放在了較高的層次裡。保護自己的自尊心不受傷害是每個人深層次的需求。很多時候，人們在批評別人時其實是對別人尊嚴的挑戰，很容易激發他人的反感和憎惡，所以在批評他人時一定注意保護好對方的自尊心，運用巧妙的批評方式，才能讓對方樂於接受。

批評是一種藝術，批評他人同時照顧到他的自尊心，以使其口服心服，就要講究竅門。下面談談一些可行的批評模式。

(1) 安慰式批評

年輕的莫泊桑（Maupassant）向著名作家布耶（Bouilhet）和福樓拜（Flaubert）請教詩歌創作。兩位大師一邊聽莫泊桑朗讀詩作，一邊喝香檳。布耶聽完後說：「你這首詩，句子雖然不太通順，像塊牛蹄筋，不過我讀過比這還糟的詩。這首詩就像這杯香檳，勉強還能喝下。」這個批評雖嚴厲，但有餘地，給了對方一些安慰。

(2) 指出錯時也指明對

大多數的批評者，往往是把重點放在指出對方「錯」的地方，但卻不能清楚指明「對」應怎麼做。有的人批評人家說：「你非這樣不可嗎？」這是一句廢話。因為沒有實際內容，只是純粹表示個人不滿。又如一位丈夫埋怨妻子說：「家裡一團糟，又有客人要來，你怎麼只管坐在那裡化妝？」這種話容易引起衝突，也不便於解決問題。

(3) 模糊式批評

某公司為整頓勞動紀律，召開員工大會，會上主管說：「最近一段時間，我們單位的紀律整體是好的，但也有個別同事表現較差，有的遲到早退，也有的上班聊天打屁……」這裡，用了不少模糊語言：「最近一段時間」、「整體」、「個別」、「有的」、「也有的」等等。這樣既照顧了面子，又指出了問題。既沒有實際指名又明確指出問題，並且說話具有某種彈性。通常這種說法比直接點名批評效果更好。

(4) 請教式批評

有一個人在一處禁捕的水庫捕魚。遠處走來一位警察，捕魚者心想這下糟了。警察走來後，出乎意料，不僅沒有大聲訓斥，反而和氣地說：「先生，你在此洗網，下游的河水豈不被汙染了？」這番話令捕魚者十分感動，連忙道歉。

(5) 別忘了用「我」字

一位女性對其同事說:「你這套服裝,過時了,真難看。」這只能是主觀意見,他人未必有同感。

正確的表達方式,應當說明是你個人自己的看法,僅供參考。這樣,他人比較能聽得入耳,甚至有興趣了解一下你為什麼有此看法。

(6) 克制「我」的情緒

在批評之前你首先要觀察自己,你覺得自己的心情緊張嗎?對對方心存不滿嗎?把你的感受——憤怒、埋怨、責怪、嫉妒等先清理一下是有好處的。

有經驗的批評家認為,在開口批評他人之前,先檢討一下自己所持的是什麼態度,是積極還是消極?情緒不好是很難掩飾的,而這種情緒有極強的傳染力。一旦對方感覺這一點,會激起同樣的情緒,便會拋開你的批評內容,計較起態度,這種互為影響的情緒會把批評帶入僵局。因此智者不可不慮。

(7) 暗示式批評

某部門職員小王要結婚了,部門主管問他:「小王,你們的婚禮準備怎麼辦呢?」

小王不好意思地說:「依我的意見,簡單點,可是我媽說,她就只有我這個獨生女……」主任說:「哦,我們部門還有小李、小張都是獨生女。」這段話雙方都用了隱語。小王的意思是婚禮不得不辦。而主管則暗示：別人也是獨生女，但是也沒有因循守舊。

有許多時候，我們往往會遇到不便直言之事，只好用隱約閃爍之詞來暗示。一位顧客坐在一家高級餐廳的桌旁，把餐巾繫在脖子上。這種不文雅的舉動很是讓其他顧客反感。經理叫來一位侍者說：「你讓這位紳士知道，在我們餐廳裡，那樣做是不允許的。但話要說得盡量含蓄。」

怎麼辦呢？既要不得罪顧客，又要提醒他。侍者想了想，走過去很有禮貌地問了那位顧客一句話，說：「先生，您是刮鬍子呢，還是理髮？」話音剛落，那位顧客立即意識到自己的失禮，趕快取下了餐巾。

侍者沒有直接指出客人有失體統之處，而是拐彎抹角地問了兩件與餐廳毫不相干的事。表面看來，似乎是侍者問錯，但實際上正是透過這種風馬牛不相及的事情來提醒這位顧客，既使顧客意識到自己的失禮之處，又做到禮貌周到，不傷面子。這就是委婉的妙用。

(8) 漸進式批評

漸進式批評就是逐漸釋放出批評訊息，有層次地進行批評。這樣可以使被批評者對批評逐漸適應，逐步接受，不至於一下子撕破臉面，或因受批評背上沉重的精神壓力。

(9)間接式批評

間接式批評一般都採用借彼批此的方法聲東擊西，讓被批評者有一個思考的餘地。

一輛電車上人很多，而這時又上來一位抱小孩的婦女。於是售票員對乘客說：「哪位旅客給這位抱小孩的太太讓個座？」但沒想到她連喊兩次，無人回應。售票員站起來，用期待的目光看了看靠在窗口處的幾位年輕乘客，提高嗓音：「抱小孩的太太，請您往裡走，靠窗坐的幾位年輕人都想讓座給您，可就是沒看見您。」話音剛落，幾位年輕人都不約而同地站了起來讓座。這位太太坐下之後，只顧喘氣定神，忘記對讓座的年輕人道謝，年輕人面露不悅。售票員看在眼裡，心裡明白，她忙中偷閒，逗著小孩說：「小朋友，叔叔讓座給你，你跟叔叔說謝謝了嗎？」一語提醒了那位婦女，連忙拉著孩子說：「快，謝謝叔叔。」那位年輕人聽到小孩道謝時，臉色緩和，連聲說：「不客氣。」

生活中，要理解人們的合理需求，尊重他人的自尊心，只有這樣才能把話說到別人心坎裡去。如果不能根據交際對象的心理，選擇恰當的語言形式，話一出口先挫傷他人的自尊心，必然引起對方的不快，甚至爭吵。試想，售票員請人讓座時說：「那麼大的人一點也不自覺。」在勸抱小孩的太太道謝時說：「別人讓座給你，你也不知道說個謝謝」，後果會如何呢？

一位作家說過：「批評，這是正常的血液循環，沒有它就不免有停滯和生病的現象。」我們每一個人都不是生活在真空裡，就像我們身上會沾染許多病菌一樣，在我們的思想意識和言談行為上，也會不可避免地出現一些缺點、錯誤，積極進行批評，才能使我們保持身心健康。但是，在進行批評時，一定要講究方式、方法，這裡也有藝術性。否則難以達到預期效果。

3. 批評下屬有技巧，上司位置更穩固

一般人認為，挨罵肯定是難受的，是一件丟面子的事。因為「難受」，受批評者往往會產生牴觸情緒，使批評的效果大打折扣，即批評的負效應。如果上司能夠恰當地掌握批評的方法，使批評達到春風化雨、甜口良藥，兼顧下屬的感受與提出問題的治病效果，這樣的批評才能使下屬安心接受，心服口服，而上司的位置才會得到擁護，才能更穩固。

下面就重點介紹幾種批評下屬的技巧，以供參考：

(1) 討論不針對具體的人

批評應指向員工的具體行為而不是他的人格特徵。如：一名員工多次上班遲到，要向他指出這一行為如何增加了其他人的工作負擔，這一行為會影響整個部門的工作士氣等，而不要一味地指責此人自私自利或不負責任。

(2) 允許員工陳述自己的看法

無論你有什麼樣的事實或證據支持你的譴責，正確的工作方法應該是：給當事人一個機會陳述自己的看法。從當事人本人的角度來看，發生了什麼事？為什麼會發生？他對組織規則、管理條例和組織環境是怎樣理解的？如果在違規方

面，你與當事人的觀點差異很大，你就應該做進一步的調查。

(3) 指明問題所在

當你與員工坐下來談時，要明確指出當事人違規發生的日期、時間、地點、參與者及其他任何環境因素。要用準確的語言來表述和界定過失，而不要僅僅引證組織的規章制度或勞動合約。你要表達的並不是違反規則這件事情本身，而是違規行為對整個組織績效所造成的影響。要具體闡明違規行為對員工個人的工作績效、對整個部門的工作績效以及對周圍其他同事所造成的不良影響，以解釋這一行為不應再發生的原因。

(4) 對今後如何防範錯誤達成共識

批評應包括對錯誤改正的指導。在批評中，要讓員工談談他們今後的計畫以確保這類違規行為或過失不會再犯。對於嚴重的過失或違規行為，要讓他們制定一個改變此行為的計畫，然後安排出以後面談的時間表，以便於評估他們每一次的進步。

(5) 有效控制討論

在人際溝通中，人們都希望開放式的對話，希望拋開控制而製造一種雙方平等的溝通氣氛。但在實施批評時卻不一樣。因為，違規者會利用一切機會將你置於劣勢。也就是說，如果你不進行控制，他們就會控制。要想鞏固組織準則和規程就必須進行控制。既要讓員工從自己的角度陳述所發生的事情，還要抓住事實真相，不要讓他們干擾你或使你偏離目標。

(6) 逐步選擇批評層級，並考慮環境因素的影響

選擇什麼樣的懲罰方法是十分重要的。如果某種違規行為重複發生，處罰就應該逐級加重。一般情況下，批評活動以口頭批評為最輕，而後依次為通報批評、暫時停職、降職或降薪，嚴重則開除處理。需要強調的是，你所選擇的懲罰方法應該是公平而一致的，這意味著你需要考慮到環境因素。如：這一問題的嚴重程度有多大？對這一違規事件，員工在多大程度上曾被警告過？他過去是否有過類似的違規行為？對於這一類問題的了解能夠確保我們在處理過程中考慮到環境因素的影響。

(7) 以客觀、嚴肅、平靜的方式面對員工

領導者透過自由、輕鬆、非正式的方式處理問題有利於促進人際交流活動，因為，在這種情境下員工會感到無拘無束。但是，批評的實施與這種情境完全不同。因此，作為管理者的主管應盡可能地避免憤怒或其他情緒反應，而應以平靜的、嚴肅的、客觀的語氣來表述你的意見。但也不要以開玩笑或閒話家常的方式來減弱緊張的壓力。這類舉動會使員工感到困惑，因為它們向員工傳遞了一種相互矛盾的訊號。

4. 對上司「批評」，多用甜言蜜語

用友好的方式來對上司進行批評，這是一個合格下屬的職責，也是為了改進工作，提高效率。無論最終意見是否被採納，也不要把上下級關係僵化，從此心存芥蒂。那樣的話，得不償失。

對主管的批評一定要在私下進行，而且最好採取友好的方式。千萬不能在會議等公開的場合，提出對主管的批評，即使你說的是對的。主管的權威是需要維護的，在公開場合批評主管，等於公然對其權威提出挑戰，非要分清個是非的話，那更讓主管面上無光，下不了臺。

戰國時候，秦國攻趙，趙國向齊國求援。齊國要趙國送太后的小兒子長安君為人質，方肯發兵。但趙太后執意不肯，雖然滿朝文武都極力勸諫，仍無濟於事。最後趙太后乾脆宣布：「誰要是再來勸我，我就吐他的臉。」

後來左師觸龍求見。太后知道他也是來規勸的，於是滿臉怒氣地等他來。觸龍慢慢地走到太后面前，請罪說：「我的腳有點毛病不能走快，因而好久沒有來看太后，卻心下惦念，故今特來拜望。」太后見此便說自己現在也得靠車行路。觸龍又問了太后飯量等其他一些情況，這段家常話使太后的怒容全消。

之後，觸龍又求太后允許他的小兒子在王宮衛隊裡當一名衛兵。太后滿口答應，並問觸龍兒子多大歲數了。觸龍答：15歲，並說要在死之前為兒子安排好立身之處。太后見此便問觸龍是否也疼愛孩子。觸龍說：「比起女人有過之而無不及。」此時，觸龍順便問太后疼愛燕后（趙太后之女）是否甚於長安君。太后答日：「比不上長安君。」由此，觸龍強調說父母疼愛孩子應為他們的前程著想，並舉例說趙太后自己當年與燕后分別，難捨難分，依依惜別，但每次祭祖的時候，卻禱告讓燕后留在燕國，不要回來，以使其子女世世代代為燕王。講完這番話，觸龍反問太后：「您這樣做，不正是為燕后的長遠著想嗎？」太后點頭稱是。

此時，觸龍話鋒一轉，向太后道：「自此三世之前，自趙國內大夫升諸侯以來，每一代國王的子孫凡是封侯的，其後期還有嗎？」太后搖搖頭，觸龍又問：「不光是趙國如此，其他子孫受封的後代還存在嗎？」太后又搖搖頭，由此觸龍評論道：「這是因為他們的地位顯貴卻沒有功勛，待遇優厚卻沒有功績所致。如今您給長安君以顯貴地位，膏腴之土，卻沒有給他為國立功的機會，這樣一旦太后不諱，長安君又何以使趙國自立呢？因此老臣認為您愛長安君卻沒有替他的長遠考慮，愛長安君不及愛燕后深。」

至此，太后完全接受了觸龍的批評與勸說，便回答道：

「好吧，就按你的意思。」之後為長安君準備了 100 輛車子使齊，齊國隨即發兵救趙，從而退了秦國之軍。

在這一事例中，觸龍之所以能夠使趙太后改變初衷，同意將長安君送往齊國做人質，就在於他巧妙地運用了父母疼愛兒女的人之常情為契機，批評趙太后不為長安君的長遠著想，會因疼愛一時誤了一世。由於觸龍深刻地體會到趙太后愛子心切，於是從閒話家常開始，請示太后將自己的小兒子安排在宮中當衛兵，繼而評論太后愛燕后與長安君的差別，到最後建議愛長安君應給他為國立功的機會，始終未探討送長安君到齊做人質與退秦軍的利害關係，恰到好處地既順了太后的心意，又使太后接受了批評意見，不愧為忠言不逆耳的典範。

《說苑·正諫》記載了這樣一個故事：

春秋時期，吳王準備攻打楚國，他知道這個計畫會遭到很多大臣們的反對，於是對左右的人說：「誰要是對我攻打楚國發表反對意見，我就讓他去死。」因此很多大臣都不敢來指出這個計畫的錯誤：攻打楚國會對吳國帶來很大危害。吳王的宮廷近侍少孺子為了勸諫吳王，想了一個辦法。

一天，吳王早朝時發現少孺子渾身溼漉漉的，就問他是怎麼回事。少孺子說：「我帶了彈弓，在後花園閒逛，想打點飛鳥。突然我發現了一件讓我不能忘懷的事情：一隻蟬在樹上鳴叫，喝著露水。蟬不知道有一隻螳螂正在牠的下方悄悄地向上爬，正想把牠當作自己的早餐呢！那螳螂伏屈著身子，張著足爪，沿著濃密的枝條，一步一步地接近蟬。可螳螂哪裡知道，這時有一隻黃雀正藏在不遠的一根樹枝上，正要展翅飛來啄那隻螳螂！黃雀伸著脖子以為很快就可以將螳螂吃到嘴裡，哪裡會想到這時我正用彈弓瞄準牠，牠也完蛋了！這三個小東西，都是只顧前，不顧後，牠們的處境真是太危險了！而我呢，則因為看到這麼精彩的場面，時間久了，讓露水把衣服都沾溼了！」吳王聽了少孺子的話，心中猛然警醒，同時也明白了少孺子的一番良苦用心，於是決定放棄攻楚的計畫。

少孺子本來就是要批評吳王錯誤的計畫，但鑒於吳王的威嚴和其下的命令，不能直接進行批評，於是運用三種動物，比喻其做事只圖眼前利益，不知禍害就在後面，從而使吳王醒悟，接受了他的批評。正是因為少孺子懂批評的藝術，將批評意見寓於故事中，才既保住了自己的性命，又進了忠言。可見恰到好處地運用批評之言，是能否達到批評效果的決定要素。

另外，批評上司，要針對事情、行為，切不可針對個人。對於主管來說，他也是會出於本能地來為自己辯解的，他會對你提出的異議予以反駁，那樣的話，即使你所提出的意見是正確的，主管也是不採納的。一定要學會用親切的話語來作為開場白。言辭要婉轉，語氣還要盡量保持溫和，最好要用商榷的方式，變批評為討論。這種時候，迂迴戰術比直搗黃龍更加有效。

5. 批評下屬，有時也要「先批後讚」

人們常說：「打一巴掌給個甜棗吃。」作為一個有經驗的主管來說，就要學會運用「先批後讚」的策略，防止只知批評不知表揚的錯誤做法。在批評時運用表揚，可以緩和批評中的緊張氣氛。可以先表揚後批評，也可先批評後表揚。

批評還要注意含蓄，借用委婉、隱蔽、暗喻的策略方式，由此及彼，用弦外之音巧妙表達本意，揭示批評內容，引人思而領悟。絕不可直截了當地說出批評意見，開門見山點出對方要害。

相反，對下屬的粗暴批評不會產生很好的效果。員工聽到的只是惡劣言語，而不是批評的內容。他們的心中充滿了不服和怨憤，這就使其產生反抗心理而不利於問題的解決。

麥金利（William McKinley）西元 1896 年競選美國總統時，也曾採用過這種方法。那時共和黨有一位重要人物替麥金利寫了一篇競選演說，他自以為寫得高明，便大聲地唸給麥金利聽，語調鏗鏘，聲情並茂。可是麥金利聽後，卻覺得有些觀點很不妥當，可能會引起批評的風暴。顯然這篇講稿不能用。但是，麥金利把這件事處理得十分巧妙。他說：「我的朋友，這是一篇精彩而有力的演說。我聽了很興奮。在許多場合中，這些話都可以說是完全正確的。不過用在目前這種特殊的場合，是不是也很合適呢？我不能不以黨的觀點來考慮它將帶來的影響。請你根據我的提示再寫一篇演說稿吧，然後送給我一份副本，怎麼樣？」

這樣的批評方式就顯得容易接受，也能收到預期的效果。所以，在批評時，可以運用多種方法進行。如：透過列舉分析歷史人物是非，烘托其錯誤；透過列舉和分析現實中的人物的是非，暗喻其錯誤；透過分析正確的事物，比較其錯誤；還可採用故事暗示法，用生動的形象增強對他的感染力；笑話暗示法，透過一個笑話，使他了解錯誤，既有幽默感，又使他不至於感到尷尬；軼聞暗示法，透過軼聞趣事，使他聽批評時，受到點影射，也易於接受。總之，透過提供多角度、多內容的比較，使人反思領悟，從而自覺愉快地接受批評，改正錯誤，這才是批評的關鍵意義所在。

另外，不同的人由於經歷、文化程度、性格特徵、年齡等的不同，接受批評的承受力和方式也有很大的區別。這就要求主管根據批評對象的不同特點，採取不同的批評方式。

針對不同特點的人要採用不同的批評方式，對自覺性較高者，應採用啟發做自我批評的方法；對於思想比較敏感的人，要採用暗喻批評法；對於性格耿直的人，適宜採取直接批評法；對問題嚴重、影響較大的人，則應當採取公開批評法；對思想麻痺的人，應採用警示性批評法。在進行批評時忌諱方法單一、死搬硬套，應靈活掌握批評的方法。

例如：對於十分敏感的人，批評可採取不露鋒芒法，即先承認自己有錯，再批評他的缺點。態度要謙虛，謙虛的態度可以使對方的牴觸情緒容易消除，使他樂於接受批評。例如，可以對人這樣批評：「這件事，你辦得不對，以後要注意了。不過我年輕時也不行，經驗少，也出過很多問題，你比我那時強多了。」

正確的批評要求細密周到，恰如其分，普遍性的問題可以當面進行批評，但對於個別現象就應個別進行。此外，也可以事先與之談話，幫他提高理解，啟發他進行自我對照，使他產生「矛頭不集中於『我』」的感覺，主動在「大環境」中認錯。

有時一些問題一時未搞清楚，涉及層面大或被批評者尚能知理明悟，則批評更要委婉含蓄。先表明自己的態度，讓下屬從模糊的語言中發現自己的錯誤。但也不能一概而論，對嚴重的錯誤，應當嚴厲批評。另外對於執迷不悟者和經常犯錯誤者，都應作例外處理。要麼是他們改正錯誤，要麼是你不用他們。

批評下屬是不得已而為之的，有時為了工作的需求，適當的批評又是必要的。批評下屬最講究的是一個度，批評過度了，會使下屬掛不住面子，產生反抗心理，過輕了又達不到批評的目的。恰當的批評能讓下屬心悅誠服地改正錯誤，在批評下屬時要注意因人而異，看準對象，然後再運用一下「胡蘿蔔加大棒」的策略，效果會更好。

6. 批評有道，才能贏得下屬的心

批評下屬不掌握好分寸，不僅達不到「治病救人」的效果，反而會使下面的人產生牴觸情緒，因此，批評也要說得好，而批評有道是需要一些技巧的。

有時候，即使是對方的錯誤，批評他也會令他覺得難堪，所以作為上司，批評有道既可以達到改正錯誤的目的，又不至於傷到下屬的自尊心，使他如往常一樣支持你。

(1) 用詞要恰當

批評不是對人發火，用詞恰當就是要使用禮貌的語言。「你是騙子」、「你太沒有信用」等話會刺傷對方。只要評論事實即可，即使是對方沒有信用也不能如此當面斥責。此外，千萬不要否定部屬的將來。「你這人以後不會有多大出息」，「你這樣做沒有人敢娶你」，「你實在不行」。主管是不該說出這樣的話的。須以事實為根據，就事說事，就部下目前情形而論，不要否定部屬的將來。

應該用具體的事實作例子，最好從最近發生的事情說起。避免做人身攻擊，例如開門見山地說：「你工作不力。」這類批評容易引起對方的不滿，甚至導致衝突；妥當的方法是舉出具體的事實說：「你的報告，比預計的進度慢了兩天。」

(2) 批評要因人而異

不同的人由於經歷、教育程度、性格特徵、年齡等不同，接受批評的承受力和方式有很大的區別。這就要求領導者根據不同批評對象的不同特點，採取不同的批評方式。

對待同一事物，不同的人都有不同的反應，對待批評也是如此，因為不同的人，性格與修養都是有區別的。

我們可以根據人們受到批評時的不同反應將人分為遲鈍型反應者、敏感型反應者、理智型反應者和較強個性型反應者。反應遲鈍的人即使受到批評也滿不在乎。反應敏感的人，感情脆弱，臉皮薄，愛面子，受到斥責則難以承受，他們會臉色蒼白，神志恍惚，甚至會從此一蹶不振，意志消沉。具有理智的人在受到批評時會感到有很大的震撼，能坦率認錯，從中汲取教訓。具有較強個性的人，自尊心強，個性突出，「老虎屁股摸不得」，遇事好衝動，心胸狹窄，自我保護意識強，心理承受能力差，明知有錯，也死要面子，受不了當面批評。

(3) 批評必須能達到一定的目的

你所批評的事項，最好是對方可能再犯，而實際上又可以糾正的錯誤。假若同樣的事件或錯誤不太可能再發生，那麼在批評之前，最好先三思而行。另外，假若對方所犯的錯誤，是他個人所無法糾正或彌補的，那麼你的批評反而有害。

此外，在某些特殊情況下，你不能批評你的下屬：

- ✧ 對方因犯錯給自己帶來不少麻煩，他正在沮喪和忙於補救中，已經有點筋疲力盡時，你再指責他的不是，是很殘忍的行為。
- ✧ 對方用意不善，犯錯純粹為洩心中不快，旨在激怒你並向你挑釁。倘若你立刻指出他的錯誤，實際正中他下懷，他會把早就預備好的罵詞一併罵出來，不求勝利，只求使你在其他員工面前出洋相。
- ✧ 對方已有悔意，並主動承認錯誤及保證不再犯，你發覺他態度誠懇，而且一向表現良好，你只需向他勉勵幾句，因為你的責備對他起不了作用。
- ✧ 因私人問題，如家庭發生變故時，往往使人無法集中精神工作。在這種情況下，如果強迫下屬履行「公而忘私」的宗旨，也會使人覺得不近人情。很多自殺例子中，因工作壓力而自毀的人占的比率頗高。家庭發生變故，加上上級的壓迫及指責，很容易令人精神崩潰，一旦他因此走上自毀的道路，你便是間接凶手。

(4) 選擇適宜的時機

批評要選對時機，才會使批評的效果錦上添花。所以每個領導者都要學會尋找適當的時機。

當一個人心平氣和較能以客觀立場發言時，就是談話的適當時機。假若你心中充滿不平，隨時可能大發脾氣，那麼最好先讓自己冷靜下來，因為過分情緒化的表現，不僅無濟於事，反而有害。

掌握事情發生的時效，在人們記憶猶新之時提出批評。假如你在事情發生幾個月以後才提出來，這時人們的記憶已經模糊，你的批評反容易使對方留下「偏頗不公」的印象。

除了個人的心理狀況外，也要把對方的心理狀況考慮在內。你應該在對方事先已有心理準備，並且願意聆聽的情況下，提出批評。假若對方情緒低落，那麼就等到他恢復冷靜時再說出你的看法，假若對方向你尋求幫助時，你也應該盡可能把事實告訴他。

（5）批評需要一定的前提

首先，批評和接受批評的雙方應該以足夠的信任為基礎，如果無法獲得對方的信賴，即使所持的見解確實言之有物，見解精闢，卻依然無法令對方折服。其次，批評者必須有純正的動機和建設性的意見，在進言之前先要確定自己的言行有助於對方，而且確能發揮實際效用。有許多批評，經常以「我只是想幫助你」為由，事實上卻為了一己之私。

每個人都是站在自我的角度上觀察世界，所以當我們觀察別人時，總免不了以個人有限的經驗和一己的需求作衡量尺度，難免失之偏頗，最好的辦法就是在提出批評之前，先請教第三方，使你的言論更能切合實際，合乎客觀。

7. 事實勝於雄辯，批評也要講事實

人們常說，事實勝於雄辯。其實，批評也是一樣，需要事實來替批評「撐腰」。我們常說批評別人要講事實，講道理。但實際上，常常是過於重視講道理而忽視了事實。有時候批評他人，無須迂迴曲折，繞山繞水地暗示一番，只需要用事實輕輕一點，就能夠達到效果，也不失為一個好方法。

戰國時期的「農家」學說的代表人物許行主張人人自食其力，一切東西都自己做，萬不得已才進行交易，根本否定了社會分工。因此他和他的弟子數十人，都穿著粗布衣，靠打草鞋、織蓆子來維持生活。有一個叫陳相的人本來信奉儒家思想，但一見到許行，便改換門庭，信奉「農家」學派了。

有一次，陳相遇到孟子便竭力宣揚農家思想，他說：「我認為許行先生的觀點很有道理，凡是賢明的君主都應該與百姓同耕作，自己親自做飯吃，同時兼理朝政；如果不能自給自足，怎麼能稱得上是賢君呢？」

孟子於是問道：「那麼許先生是否必定自己種糧食然後

自己做飯吃呢？」陳相回答說是的。孟子又問：「那麼許先生一定是自己織布做衣服了？」陳相說：「不是，許先生穿的是用麻做的粗布衣服。」孟子又問：「許先生戴的帽子是他織布做的嗎？」陳相回答：「不是，是用糧食換來的。」孟子又問：「許先生為什麼不自己織布做帽子呢？」陳相說：「怕對耕種有妨礙。」孟子又問：「許先生用鍋做飯，用鐵具耕地，這些都是他親自做的嗎？」陳相說：「不是的，也是用糧食換來的。」孟子因此說：「如果許先生用糧食去換鍋、農具，這不能說對陶工和鐵匠有所妨礙，那麼陶工和鐵匠用器具去換糧食，又怎麼能說他們對農夫有所妨礙呢？況且許先生主張自給自足，那他又何不自己親自做陶器和鐵具，一切東西只是自己家裡拿來用？又為何忙忙碌碌地拿糧食與別人交換呢？」

孟子用設問誘導的方法，一步步地擺事實講道理，將許行的觀點一一駁斥，卻又合情合理，讓陳相在不知不覺中就接受了孟子的批評意見。

一個病人在和醫生約定的時間準時到達，可等了 15 分鐘後醫生才到。他非常氣惱，覺得醫生這種不守信用的行為實在是無禮，他必須提出批評，否則心裡感到不平衡：自己受到了輕視，自尊心受到了傷害。於是他透過以下的方式來表達自己的批評意見。

他進入醫生辦公室後，先用手指了指手錶，然後冷笑了一聲說：「現在是 2 點 15 分。」醫生似乎沒明白他的意圖，敷衍說：「是嗎？」醫生的回答更激怒了這位病人，可他仍是說：「現在是兩點過一刻。」儘管他內心非常憤怒，可臉上仍保持平靜。他在克制自己，試圖用暗示讓醫生明白自己的意思。可醫生仍裝糊塗：「兩點過一刻又怎麼樣？」這下病人忍無可忍了，終於指出了醫生的錯誤：不該遲到，浪費了自己的時間，不守信用。醫生這才向他道歉。

這位病人起初想用迂迴的暗示法將自己的批評訊息傳遞給醫生，讓醫生接受批評，並為自己的錯誤道歉，可醫生並不願意坦然接受。這位病人因此更加惱火，最後直截了當地將醫生遲到，耽誤了病人時間的事實說出來，醫生才接受了批評。

現實生活中確實會常常遇到這種情況，有時需要直截了當地提出批評意見，「講事實，講道理」，令對方醒悟，否則你採用委婉的或迂迴的辦法，對方並不能領會你的批評意見，或者是故意迴避、裝糊塗，有時還會引起對方的誤解，雙方產生新的矛盾。

世界上的事情往往如此，捷徑總是最短的路，最有效辦法常常是最簡單、最基本的，其實有時候直接將對方的缺點、錯誤指出來，反而是避免傷人自尊心、避免雙方誤會、避免使人產生反抗心理等的最好方法，往往能達到批評者預期的效果。批評也要講事實、講策略，巧妙變化，才能達到批評的目的。

第二章

「拒」而不「絕」，職場法則

拒絕是一門語言的學問。同在一個公司，你如何把拒絕說得婉轉順暢，說得唯妙唯肖，對於自己的形象有著非常重要的作用。事實上，拒絕確實令人難以接受，特別是不留情面的拒絕，會讓人無地自容而心存芥蒂。說「不」需要勇氣，但如果你掌握了說話的技巧和拒絕的策略，做到「拒絕話也不傷人」的程度，那麼，把「不」輕鬆說出口並非難事。

1. 拒絕他人，職場上的必修課

在我們的生活和工作中，總要面對各式各樣的人和事，這其中有許多積極的，也有許多消極的；有我們贊成的，也有我們反對的；有符合自己意願的，也有不符合自己意願的。這就需要我們學會怎樣接受以及如何拒絕。

在日常生活中，每個人都會有過向別人提出要求，而被人直接拒絕的感受，那種感受的確不好。然而，人生就是需要不斷地說服他人，以尋求合作；反過來也可以說成是，人生是不斷地遭到拒絕和拒絕他人。

拒絕時，千萬不要傷害對方的自尊心。特別是對你有過幫助的人，來拜訪你，要你幫他做事，為了情面，的確是非常難以拒絕的。不過，只要你能表示出尊重對方的意願，率直地講出自己的難處，相信對方也會理解你、諒解你。

在拒絕他人時，關鍵要態度和藹。不要在他人剛開口要求時，就斷然拒絕他；不要對他人的請求迅速採取反駁的態度，或流露出不高興的表情，或者去藐視對方，堅持永不妥協的態度等，這都是不妥當的方式。應該以和藹可親的態度誠懇應對，用別人可以接受的方式來處理。

拒絕對方時，要明確說出事實。要據實言明，不要採取模稜兩可的說法，這樣會導致對方摸不清你的真正意思，而產生許多誤會，這就容易使彼此之間產生一種隔閡，關係越來越淡。

有時拒絕，不能把話完全說死，可能每個人都會遇到某個異性當面向你表示愛意，如果你又不樂意接受其愛，就可用拖延法說「不」。他邀你跳舞，你可以這樣回答：「以後吧，有時間我會約你的。」

拒絕對方，也要給對方留一個退路，留一個臺階下，也就是說要給對方留面子，要能讓他自己下梯子。你必須自始至終耐心地聽對方把話說完，當你完全聽完對方的話後，心裡有了主意時，再來說服對方，就不會使對方難堪了。

特別是在商界交際中，要讓對方明白，這次拒絕，還有下次機會。

在拒絕人時，如果自己很有把握可以拒絕對方，只管與對方面對面相坐。如果要拒絕的是一個「難纏」的人，拒絕他時，最好不要和他視線直接接觸，選擇位置時要以斜、橫為佳。當你知道怎樣選擇地點來拒絕對方時，你還要注意到時機問題。有時候，拖延一段時間，選擇一個好機會，再予以拒絕，會使得原本緊張的局面完全改觀，這也是一種拒絕人的技巧。

如果在職場社交場合，你需要拒絕人時，不妨用下列方法試一試。

故意拖延，如：「今晚我還有事，以後再說吧。」

保持沉默，如：「嗯，讓我再考慮考慮……」

有意推託，如：「我轉告她一聲倒是可以，就是怕她誤會了，還是你直接跟她說為好。」、「這件事由我出面恐怕不太好吧！」

盡量迴避，如：「哦，是這樣呀，我沒看清楚。」、「我沒注意，也不是太清楚。」

另有選擇，如：「好是好，不過我更喜歡……我想那個會更好。」

婉言回絕，如：「我很理解你的心情，但是這樣做，對你我都沒有好處，你仔細想想。」

人活在世上，總會有些同窗好友，或同學、同事、上司或主管等，相處的日子久了，自然會相互求幫忙，如果我們能辦到的話應盡自己最大的努力去辦，假若他們提出的某些要求很過分，我們不能辦到，不是我們個人力所能及的時候，這就出現如何拒絕他人的問題，而不是硬撐，導致結果更糟。往往有很多人在處理這類問題時感到很棘手，因此不知道該如何開口拒絕，明知道一些事情辦不成，可又怕傷害了朋友之間的友誼，而硬撐下來。那麼怎樣開口拒絕，才不會傷害對方呢？

在拒絕他時應該考慮到幾個方面：首先，當你在說

「不」前，要讓對方了解你之所以拒絕的苦衷和歉意，說話態度要誠懇，語言要溫和。

其次，盡量避免模糊的回答。如我再考慮考慮等，這種講法或許你自己認為這是表示拒絕了，可是有所求的一方可能認為對方真的替他想辦法，這樣一來，反而耽誤了對方。所以，拒絕時不要使用含糊其詞的字眼。

不要小看拒絕，拒絕也是一門學問，如果把拒絕的話說得靈活多變，唯妙唯肖，可以使自己不必陷入兩面為難的狀態，相反，如果說得不好，可能就會導致被人嫉恨、尷尬等負面影響。如何把拒絕說得恰到好處呢？這裡面也是需要一定技巧的。以誠懇的態度明確地說出自己不得不拒絕人的理由，直到對方了解你是愛莫能助，這是一種最成功的拒絕方法。

2. 拒絕他人，話應該這樣說

在職場裡，如果我們懂得拒絕，就能巧妙地將自己從一些不必要的事務中解脫出來。因此，如何拒絕他人也顯得十分重要。拒絕他人也需要一定的技巧，因為它不僅塑造我們自身的良好形象，也對我們處理好與各種不同人之間的關係都有著十分積極的意義。懂得拒絕使自己不必陷入兩難的境地，並且還能得到別人的信任和愛戴，這是拒絕的至高境界。

那麼，該怎樣拒絕別人，尤其是自己的上司，才能達到自己的目的，又盡量不得罪人呢？以下幾點值得參考：

(1) 裝傻拒絕別人

有這樣一則小幽默，有一位老婦人在一家銀行前面賣煮玉米，由於她的玉米香甜可口，生意出奇地好，不久，便在銀行裡有了一筆存款。此時，她的鄰居就準備借她的錢做生意，並承諾給她很高的利息。老婦人深知這個人的為人，不想借給他，但又不好直接拒絕。便對她的鄰居說：「我們之間已經簽訂了合約，彼此之間不能競爭，銀行不賣煮玉米，我自然也不能做信貸業務。」看似好笑，其實這位老婦人用裝傻的方法，輕鬆地拒絕了難纏的鄰居，這實在不失為一種高明的手法。

(2) 掩耳盜鈴

不好意思直接說出的話，不妨當面裝作自言自語。

人們礙於面子，很多話當面說不出口，裝作自言自語說出心中所想，對方便會知趣而退。

在自言自語中，當事人沒有意識到自己將內心想法暴露無遺。因此，會談時，有意識地運用這種方法，可將自己不好意思直接說出的話間接地表達出來。比如，你可以說：

「我現在能不能這麼說呢？」

「不行，我到現在事都沒辦好。」

「我怎麼會立即和他交談。」

對方聽到後，便會覺得索然無味，自動停止說話。

(3) 盡量少用否定對方的字眼

拒絕別人的時候盡量不要用否定對方的字眼。與人來往中，遇到你必須拒絕的事情，也不能傷害對方的感情，這時你可以尋找一些託辭。如：

「待我考慮考慮再答覆你吧！」

用這種辦法，可以擺脫窘境，既可不傷害對方的感情，又可使對方知道你有難處。比乾脆毫不含糊地講「不」要強得多。

(4) 先予承認，再找理由婉拒

承認對方，是一種禮儀，在承認之後，一句「但是」，便可以扭轉話題，提出你自己的立場，所以不必擔心「承認」會果真如你所「承認」的那樣，這也便是「承認」的妙處所在了。

用「我真想幫你的忙，但是……」推出你已運籌於胸的一系列理由，其意思和你說「不行，這是絕對不可能的」是同一立場，但聽起來順耳、動聽多了。

英國陸軍統帥威靈頓公爵（Arthur Wellesley, 1st Duke of Wellington）因成功地指揮了英國對拿破崙（Napoleon）的半島戰役被封為公爵，之後他又與普魯士將軍布呂歇爾（Blücher）在滑鐵盧最終擊敗了拿破崙。

他早年曾在印度服役，阿薩戰役時，他負責與一名印度官員祕密談判。這位官員急於知道能割讓多少土地給他們，想盡辦法都無法讓這位將軍開口。最後這位印度官員說，只要威靈頓透露這個消息給他，他願出 50 萬盧比酬金。

威靈頓問他：「你能保密嗎？」

「當然，我能保密。」印度官員急切地答道。

「那我也能保密。」威靈頓說。

拒絕他人，一定要講究策略。婉轉地拒絕，對方會心服口服；如果生硬地拒絕，對方則會產生不滿，甚至懷恨、仇視你。所以一定要記住，拒絕對方，盡量不要傷害對方的自尊心。要讓對方明白，你的拒絕是出於不得已的，並且感到很抱歉、很遺憾。盡量使你的拒絕溫柔而緩和。

另外，避開實質性的問題，故意用模稜兩可的語言做出具有彈性的回答，既無懈可擊，又達到了在要害問題上拒絕做出答覆的目的。

3. 與上司往來說「不」的分寸

身在職場，人是複雜的，環境也是複雜的，下屬與上司往來說「不」的分寸更是複雜多變的。不同的人，不同的事，對不同的環境和場合，都必須靈活變通掌控說「不」的分寸、尺度。

變通是分寸之「尺」的投影，「尺」的長短是有一定規制的，但其投影卻可以隨著不同的光線角度而靈活變通自己的長短，這就是「分寸」的奧妙。當然，與上司互動，這種奧妙還有許多，下面所介紹的說「不」的分寸，只要認真體悟，就會大有教益。

(1) 不失時機

當你知道有某種機會在等待你，你應該努力爭取：

✧ 要能屈能伸，當上司認為你不適合承擔某項重任或負責某項重大計畫時，不可負氣不可洩氣，畢竟職務晉升是不能一步登天的。

✧ 營造能擔大任的氣勢，做好分內的工作，主動向上司彙報工作紀錄，顯示你有能力，工作態度積極進取。讓上司認為你做這份工作能力有餘，有機會時自然就會優先考慮提拔你。

✧ 你工作的單位出現交接、撤換、合併等變化時，正是晉升的大好時機，這時你應該表露你的意願，想辦法爭取你看好的職位。

✧ 大膽開拓新的工作領域，把你的計畫面呈上司或其他核心人物。通常可行而又有益的計畫接受率還是很高的，這時你可以要求上司充分授權給自己執行這項計畫。

(2) 恰當地表達自己

當你無心犯下錯誤時，你應該注意選擇恰當的方式表達自己——

✧ 不要連連道歉，這樣使人心煩也顯得虛偽，只要誠懇地說一聲「對不起」就夠了。

✧ 感到氣憤時別開口，在氣頭上說的話往往造成不良後果，特別是在上司面前難以挽回。

✧ 請教上司應該怎樣糾正錯誤，他受到了尊重，通常火氣會慢慢平息。

✧ 提出你自己的改進意見，表達你的態度。

✧ 勤奮，無論哪個上司都喜歡勤奮的下屬。

✧ 對工作全面了解，不論哪個環節都能勝任。

✧ 主動做事以引起上司注意。
✧ 讓上司知道你很願意學習新東西，對上司分派給你的新任務，不要因為不熟悉而拒絕。

(3) 旁敲側擊

在決策的過程中，老闆出現錯誤是不可避免的。此時，可以採用如下方法使之改正：

✧ 讓老闆自己動搖信心。例如可以說：「您真敢冒險！」或者「哇！您真是勇敢。」語氣裡帶上一點懷疑，比直接說「你的計畫太冒險」要好得多。
✧ 不要怪老闆而要怪客觀原因，例如：「要不是形勢變化太快，您的計畫一定會大獲成功。」
✧ 先恭維，後出招，跟老闆說：「換成我還真想不出您的辦法來，我原本想……」表面上說老闆比你聰明，經驗豐富，實際上達到說出你自己想法的目的，老闆也許聽了會動心。
✧ 詢問老闆還有沒有別的辦法，或許老闆反問你有什麼想法，也可能老闆會產生一些新的構想，而看起來，這一切都是他想出來的。
✧ 請老闆把他的想法解釋一下，在解釋的過程中，他可能不等你提出來，自己就察覺有漏洞。
✧ 採用假設性暗示，例如：「如果這種產品銷路不好怎麼辦？」這樣說不過火，又能使老闆重新考慮。

（4）不卑不亢

要以正確的態度對待老闆的批評。不要唯唯諾諾，卑躬屈膝。如果你自己承認自己窩囊無能，老闆會更覺得你窩囊無能，如果你自己承認自己「很愚蠢」，他更會覺得你真的愚蠢；也不要面帶不悅的怒氣，要記住，老闆往往都自以為是，即使是他錯了也是如此；更不要表現得毫不在意，因為你毫不在意，老闆會認為你對他不尊重而刺傷他的自尊心。正確對待老闆批評的態度是以誠懇堅定的語氣，坦誠地表示這是一個錯誤，並願意改正；或者老闆有不妥之處，你可以私下表達你的看法，而不讓老闆當眾難堪，讓他認為你只是一心想把事情做好，從而對你相當滿意。

不要沒話找話。不論你出於何種目的，在老闆面前囉囉嗦嗦，都會使他厭煩。也不要主動跟老闆講你的私事，畢竟能和下屬成為好朋友的老闆少之又少。

當老闆粗暴地批評和指責你時，你應該做到以下幾點：

✧ 不馬上反駁或憤憤離開。

✧ 不中途打斷老闆的話，為自己辯解。

✧ 不要表現出漫不經心或不屑一顧。

✧ 不文過飾非、嫁禍於人。

✧ 不故意嘲笑對方。

✧ 不用刻薄的含沙射影的語言給老闆某種暗示。

✧ 不對老闆進行反批評。

✧ 不轉移話題假裝沒聽懂對方的話。

✧ 不故作姿態、虛情假意。

✧ 不灰心喪氣影響工作。

（5）見微知著

當上司對你心懷疑慮時，你不妨試探一下：

✧ 掌握好提出問題的時機，別在他忙得焦頭爛額心情沮喪或者發生家庭糾紛的時候接近他，最好的時間是有你參與的某項工作接近成功，大家都心情輕鬆，在一起聊天的時候。

✧ 要講究提問的技巧，例如問他：「還需要我做什麼事？」或者：「還有什麼要我補充？」上司的回答可以看出他對你的評價。

✧ 不要特地和上司談這個問題，這樣會讓上司覺得不自在，很多上司討厭評價下屬。

✧ 學會察言觀色，如果上司總是對你冷淡、不耐煩，而對其他人卻不是這樣，顯然他是對你不滿意。在這種情況下，除非你立下大功，否則不要問上司對你如何評價。

(6) 甘當綠葉

有人問魏明帝時的楚郡太守袁安：「已故的內務大臣楊阜，難道不是忠臣嗎？」袁安回答說：「像楊阜這樣的臣子只能稱之為『直士』，算不上忠臣。為什麼說他是『直士』呢？因為作為臣子，如果發現主人的行為不合規矩的地方，當著眾人的面指出他的錯誤，使君王的過失傳揚天下，只不過替自己撈個耿直之士的名聲，但這不是忠臣應有的做法。已故的司空陳群就不是這樣，他的學問人品樣樣都好，他和中央機關的高階官員們在一起，從來不講主人錯誤，只是幾十次地送奏章給皇帝，指出哪些事做錯了，哪些缺點必須改，有批評，也有建議，而其他人卻都不知道他寫過奏摺。陳群向主人提出意見從不自我標榜，所以後世的人都尊他是一位德高望重的長者。這才是真正的忠臣。」

有功勞向上司頭上記，有榮譽推給主管，甘當綠葉配紅花，讓榮譽的光輝永遠照射著主管，不要遮擋著聚光燈的照射。

(7) 善意提醒

當你對上司的工作有所思考並形成建議時，可以這樣對他進行善意提醒：

✧ 要先試風向，如果發現上司表現出防衛姿態，最好趕快改變話題。

- ✧ 要逐級反映你的意見，越級抱怨會減少你說話的分量，減低別人對你的信任。
- ✧ 提出批評的每句話都要有根據，否則上司會認為你無中生有。
- ✧ 指責上司錯誤，同時要向他提供如何處理才更好的建議。
- ✧ 提出困難向上司求助，好讓他自己察覺哪裡出了問題，或許你不指出來，他就已經體察到了你的難處。
- ✧ 批評的目的是為了改善工作，因此問題解決了，功勞歸於上司，你才能永處佳境。

(8) 做比說好

有道是：光說不做是裝腔作勢，光做不說是埋頭苦幹。身為一名下屬，一定要處理好說和做的關係。具體做法如下：

- ✧ 做比說重要，在事情未完成時，別把它說得天花亂墜，否則最後的結果離標準太遠，你可就下不了臺。
- ✧ 有創意只管說出來，不必怕別人的異議，與眾不同並不是錯。當然，創意必須經過深思熟慮方能提出來，隨興所至，隨口亂講，難免貽笑大方。
- ✧ 鋒芒不要太露，多發表自己的意見，少批評別人的見解，貶低別人抬高自己實為下策。
- ✧ 做人要靠得住，誠實可靠是美德，有了這種美德，即使其他方面有些欠缺，也會受到信任。

- ✧ 要有自知之明，最好能經常反省：自己是否過於拘謹，或過於驕縱，話是否說得太多了？

(9) 知己善任

改變別人難，改變自己容易嗎？更不容易。把自己改變得更符合對方的口味，這是所有成功者「知己善任」的最大本事。具體方法如下：

- ✧ 你的工作方式和為人方式要與你的上司保持協調一致。如果你的上司易發脾氣，你協調的方式最好是保持沉默；如果你的上司做事雷厲風行，那麼不協調的方式則是工作鬆懈。
- ✧ 要了解你自己，看你能在多大程度上滿足上司對你的期望，你在多大程度上能夠做一個上司所希望的那種下屬。
- ✧ 處理好關係既是你的責任，也是上司的責任。但你必須意識到你的老闆所給你的責任、工作上的壓力以及各種期望都可能是對你的重用。
- ✧ 遇到你的上司對你發脾氣的時候，如果這個脾氣發得對，你就必須承認錯誤並且做出承諾該如何去改正或提升，而不是對你的錯誤進行辯護。如果他的脾氣發得不當，你可以向他指出問題並且把事情解釋清楚，諒解後還可以為他提供一些解決問題的建議。

(10) 給主管留點面子

身為主管對尊嚴、面子看得十分重要。一般的主管都喜歡下屬恭維自己，討厭下屬搶鏡頭、搶次序。

得罪主管，輕者會被主管批評；遇上心胸狹窄的人可能會打擊報復、暗地裡公報私仇，影響你的進步和發展。

因此，給主管留面子也是下屬應該做到的。

- ✧ 要尊敬主管。應該承認主管總有強於你的地方，或是才幹超群，或是經驗豐富。
- ✧ 與主管相處要注意小節，小節雖小，但它能改變對一個人的印象。
- ✧ 除非特殊情況，否則不要輕易打斷主管講話，或中斷主管出席的會議。
- ✧ 與主管交談要盡可能地簡明扼要，不要喋喋不休，耽誤主管時間。
- ✧ 在主管的辦公室內，不要隨意翻閱公文、信件，不該看的不看。
- ✧ 不要在主管面前總是點頭哈腰，說主管的好話，時間久了會覺得你這個人俗氣。
- ✧ 在主管面前要用工作實績顯示出你的精明能幹，切莫用嘴皮子展現自己，這樣主管會認為你在出風頭。
- ✧ 與主管開玩笑或提意見要分場合、講方法，不能怎麼痛快怎麼說。

✧ 對於願意傾聽群眾意見、平時又好相處的主管，講話時可以隨便些，但也不能過分。

(11) 切勿功高蓋主

①**莫把力氣用錯地方**。新進入一個公司，一切都是嶄新而陌生的，這一階段最關鍵的任務並不是創出什麼大的成績來，而是要實現與上司及同事的人際磨合，為其所容納。只有先站得住腳，你才能夠談得上做事業。因此，必須把處理好人際關係放在一個十分優先的地位，而對工作只要盡心盡力即可。

②**不可過分表現自己**。剛進入職場，往往缺乏必要的社會經驗和工作閱歷，許多事情還不知道、不明白或看不破、看不準，因此，你急於表現自己的行為只能顯示自己的不成熟，並不能產生懾服眾人的效果。甚至你的某些自鳴得意的小花招也逃不過主管的眼睛。過分表現自己只會增加同事的威脅感，會使同事聯合起來對付你，使你陷於孤立窘境，甚至是在主管面前說你壞話。主管往往喜歡謙虛的下屬。而不喜歡愛表現自己的下屬。急於表現自己，會讓主管覺得你好出風頭、有個人主義傾向，不利於部門內部的團結和穩定，因而肯定不會支持你。此外，急於表現自己，往往會使你得罪同事，由於主管要依靠這些熟悉情況的前輩工作，他會需要照顧他們的情緒，很可能會批評你，給你一些小的教訓，作為警示。

③**要積極配合上司工作**。有些上司原本基礎就較差，專業知識不精。這樣的上司，在下屬心目中的位置並不高，但對下屬的反應卻特別敏感。你不妨抓住上司的這一弱點，借鑑他多年的工作經驗，以你的才幹彌補其專業知識的不足，在服從其決定的同時，主動獻計獻策，既積極配合主管工作，表現出對上司的尊重，又能適當展現自己的才華。

有才華且能幹的下屬更容易引起主管的注意。

主管的注意力更多地集中於才華出眾的菁英型下屬身上，他們服從與否，直接決定主管的決策執行水準和品質。所以，如果你真有能力，正確的方法不是無視主管，而應認真去執行主管交辦的任務，妥善地彌補主管的失誤，在服從中顯示你不凡的才智。這樣，你就獲得了勝人一籌的優勢。

(12)踏踏實實往上爬

要想從低位爬上高位，必須學會先「卑」後「尊」，從「卑」處做起，向「尊」處靠攏，具體可從如下諸方面著手：

✧ 分內的工作要重視。只有出色完成本職工作，才能得到上司的信任。

✧ 學會累積經驗。人人都會犯錯誤，懂得汲取經驗教訓的人才會有長進。

✧ 要有自信。自己對自己都沒有信心，上司對你更沒信心。

✧ 要有較高的駕馭文字的能力。要練習寫作技巧，寫的東西比說的東西更有分量。上司評價下屬，很注意寫的能力。
✧ 善於安排時間。會不會有效地利用時間，與上司願不願意提拔你很有關係。
✧ 設法達到公司的目標。不但要知道公司的目標，還要知道如何去達到，才能比別人更快地升遷。
✧ 設法掌握資訊。不論想把什麼事做好，掌握資訊必不可少。你得懂得如何去得到這些資訊。
✧ 工作要有計畫。凡事有條不紊，顯示出你的控制能力。
✧ 富於進取。凡是在事業上出類拔萃的人都有強烈的進取心，他們懂得如何有效地與人合作，把工作做好。
✧ 善於運用權威。懂得如何適度地運用權威，這樣上司比較願意提拔你。
✧ 要多聽。一般來說，上司都比較喜歡你聽他的，而不是他聽你的。
✧ 要會問。問題提得好，上司會特別注意你。好的提問通常會有這樣的回答：「唔，這個問題我還沒考慮過。」
✧ 要會讀。要會速讀，會跳讀，要迅速了解文件要點，掌握內在含義，並對本職工作、公司實際工作提出建議。
✧ 言談要得體。言談就像演戲，說服他人更是如此，切不可乾澀無味或道貌岸然。

✧ 不要喋喋不休。最好一句話就把事情說清楚。否則不是你的主意不好，就是你的口才不好。

✧ 事實不清不要發言。起碼有一半人，事情的來龍去脈還沒搞清楚就急於表態，你不能做這種人。

✧ 該說的說。不要因為你年紀小或者職位低就不敢開口，好主意不受年齡、資歷限制。

✧ 對自己要求要高一些。當你得到做某事的指示時，先要思考怎樣才能做得比要求更圓滿。

✧ 要會預料，能預料到上司的意願，也就是說要摸清楚他的脾氣。

✧ 不做沉默的人。有句西班牙諺語說得好：「兒子不吭氣，即使是母親也不懂他的意思。」

✧ 不要急於要求加薪。正確的做法是要求做更多的工作，擔更大的責任。要知道即使替你加薪也不會比你的直屬上司多，盡快坐上他的位子豈不是更好。

✧ 不要忽視小人物。小人物可以說是你鋪築升遷階梯的石頭，你要高聲地感謝他們。你的親切一定會換來你的聲望。

✧ 培養廣泛的興趣。你懂得越多就越受人尊敬，生活也越有趣。盡量發揮你的各項特長，不要把它們埋沒。

✧ 保證健康。滿身是病痛，心情就不會輕鬆，誰也無法保持心智平衡。

4. 勇於說「不」，才能善於說「不」

在人際關係中，我們總有被人拒絕或拒絕別人的時候。表達拒絕總難離一個「不」字，而這個「不」字，又往往最不好意思說出口，因為人們最愛面子。孰不知一味地接受只能使自己越來越麻煩，而一時的尷尬卻可以換來永遠的寧靜，為什麼不說「不」呢？

所以，不僅要勇於說「不」，而且要善於說「不」，這是人在職場不可或缺的學問。既要把「不」字說出口，又能贏得人家的寬容和體諒，和他人保持良好的人際關係，實非易事。勇於說「不」，誠然不易，而善於說「不」，則更加難得。所以替拒絕找一個適當的方式，確實是一門藝術。

拒絕的方式多種多樣，可以因人因事靈活運用。例如，對於那些重視自尊，無奈時才偶爾相求但又求得有點出格的人，拒絕則宜委婉，莫傷面子，避免尷尬。

曾有位女士對林肯（Lincoln）說：「總統先生，你必須給我一張授銜令，委任我兒子為上校。」林肯看了她一下。女士繼續說，「我提出這一要求並不是在求你開恩，而是我有權利這樣做。因為我祖父在萊辛頓打過仗，我叔父是戰役中唯一沒有逃跑的士兵，我父親在紐奧良作過戰，我丈夫戰死在蒙特雷。」林肯仔細聽過後說：「夫人，我想你一家為報效國家，已經做得夠多了，現在把這樣的機會讓給別人的時候到了。」這位女士本意是懇求林肯看在其家人功勞的分上，為其兒子授銜。林肯當然明白對方的意思，但他裝糊塗。

再如，面對某些人的無理取鬧，特別是面對時弊陋習，務必旗幟鮮明，斷然予以拒絕。

記得錢鍾書曾針對時下流行的祝壽、紀念會和某些所謂學術討論會，一概拒之門外，而且毫不客氣地一連說出七個「不」：「不必花些不明不白的錢，找一些不三不四的人，說些不痛不癢的話。」錢老夫子絕不媚俗，該拒則拒，絕不留情。

恰到好處的拒絕既有利於自己，也有利於別人。在管理中，作為領導者，你不可能什麼事情、什麼情況下都能滿足對方的要求。有些人經常在該說「不」的時候沒有說「不」，結果到頭來既害己又害人，將人際關係弄糟。

無論是上司還是下屬，如果把拒絕的話說得八面玲瓏，可以使自己不必陷入兩面為難的狀態，相反，如果說得不好，可能就會導致被人嫉恨等負面影響。這就需要掌握一些拒絕他人的技巧。所以，要勇於說「不」，更要善於說「不」。

5. 輕鬆說「不」，讓職場也輕鬆

人在職場之中，就一定會與別人產生各式各樣的社會關係，不同的人在社會中，扮演著不一樣的角色，每個人所要面臨的實際情況也會各不相同。每個人都應該始終明確自己的職責，做自己該做的事。但是，有時我們又需要面對一些對自己有壓力或違背自己意願的事情，這就需要我們去拒絕。

有些人不善於說「不」，但經常的練習會讓你掌握說「不」的技巧。拒絕本身就是尋找藉口，只要你的藉口天衣無縫，能夠自圓其說，遭拒的一方定會毫無怨言。

(1) 用外交辭令說「不」

外交官們在遇到他們不想回答或不願回答的問題時，總是用一句話來搪塞：「無可奉告。」生活中，當我們暫時無法說「是」與「不是」時，也可用這句話。

還有一些話可以用作搪塞：「天知道。」「事實會告訴你的。」「這個嘛……難說。」等等。

(2) 以友好、熱情的方式說「不」

一位作家想與某教授交朋友。作家熱情地說：「今晚我請你共進晚餐，你願意嗎？」不巧教授正忙於準備學術研討會的講稿，實在抽不出時間。於是，他親切地笑了笑，帶著歉意說：「你的邀請，我感到非常榮幸，可是我正忙於準備講稿，實在無法脫身，十分抱歉！」他的拒絕是有禮貌而且愉快的，但又是那麼乾脆。

(3) 用推脫表示「不」

一位客人請求你替他換個房間，你可以說：「對不起，這得值班經理決定，他現在不在。」

你和妻子一塊上街，妻子看到一件漂亮的連衣裙，很想買，你可以拍拍口袋：「糟糕，我忘了帶錢包。」

有人想找你談話，你看看錶：「對不起，我還要參加一個會議，改天行嗎？」

(4) 用迴避表示「不」

你和朋友去看了一部拙劣的武打片，走出電影院後，朋友問：「你覺得這部電影怎麼樣？」你可以回答：「我更喜歡文藝片。」

你正發燒，但不想告訴朋友，以免引起他的擔心。朋友關心地問：「你量體溫了嗎？」你說：「不要緊，今天天氣不太好。」

(5) 用反詰表示「不」

你和別人一起談論國家大事。當對方問：「你是否認為物價上漲過快？」你可以回答：「那麼你認為太慢了嗎？」

你的戀人問：「你討厭我嗎？」你可以回答：「你認為我討厭你嗎？」

(6) 用沉默表示「不」

當別人問：「你喜歡亞蘭·德倫（Alain Delon）嗎？」你心裡並不喜歡，這時，你可以不表態，或者一笑置之，別人即會明白。

一位不太熟識的朋友邀請你參加晚會，送來請帖，你可以不予回覆。它本身說明，你不願參加這樣的活動。

(7) 用拖延表示「不」

男友想和你約會。他在電話裡問你：「今天晚上八點鐘去跳舞，好嗎？」你可以回答：「明天再約吧，到時候我打電話給你。」你的同事約你星期天去美容，你不想去，可以這樣回答：「我很想跟你一起去，可自從成了家，星期天就被家務沒收啦！」

(8) 用客氣表示「不」

當別人送禮品給你，而你又不能接受的情況下，你可以客氣地回絕：一是說客氣話。二是表示受寵若驚，不敢領受。三是強調對方留著它會有更多的用途等。

(9) 避免只針對對方一人

某造紙廠的業務員上某公司推銷紙張。業務員找到他熟悉的這個公司的總務處長，懇求他訂貨。總務處長彬彬有禮地說：「實在對不起，我們公司已與某家造紙廠簽訂了長期購買合約，公司規定不再向其他任何公司購買紙張了，我也應按照規定辦。」因為總務處長講的是任何公司，就不僅僅針對這個造紙廠了。

(10) 在別人提出要求前做好說「不」的準備

那些在別人不論提出多不合理的要求時很難說「不」的人，通常是由於以下幾種原因：

- ✧ 對自己的判斷力缺乏自信，不知道什麼是應該做的，什麼是別人不該期望自己做的。
- ✧ 渴望討別人喜歡，擔心拒絕別人的請求會讓人把自己看扁了。
- ✧ 對自己能成功地負起多少責任不夠清楚。
- ✧ 具有完善的道德標準。他們會為「拒絕幫助」別人而感到罪過。
- ✧ 覺得自己低人一等，因而把別人看成是能控制自己的「權威人士」。

然而，不論出於何種理由，這些不敢說「不」的人通常承認自己受感情所支配。不管過去的經歷如何，他們從未在別人提出要求時有一個準備好的答覆。

假如發現自己的拒絕是完全公平合理之時都很難啟齒說「不」，那麼請用以下這些方法幫助你自己：

- ✧ 在別人可能向你提出不能接受的要求之前做好準備。
- ✧ 把你的答覆預先演習一遍，準備三至四套可使用的句子（例如：「對不起，我這幾天對此只能說『不』。」「我正忙得不可開交呢！」）對著自己大聲練習幾遍。
- ✧ 當你說「不」時，別編造藉口。如果你有理由拒絕而且想把理由告訴別人，是很好的。要簡潔明瞭，一語中的。但你不必硬找理由。你有充分的權利說「不」。
- ✧ 在說出「不」之後要堅持，假如舉棋不定，別人會認為可以說服你改變主意。
- ✧ 在說出「不」之後千萬別有負罪感。

當我們羞於說「不」的時候，請恰當地運用上述方法吧！在處理重大事務時，容不得半點含糊，應當明確說「不」。所以，拒絕也要看時候，看地點，看對象。只有學會輕鬆說不，也會讓你在職場上更加輕鬆。

6. 拒絕上司的有效方式

拒絕上司不是一件簡單的事，說不好就會斷送了自己的晉升之路。所以，拒絕上司要慎之又慎。拒絕上司的要求要行之有方，給上司留足面子，要無損甚至更突出他們的形象，才可以避免其中的不利因素。

如果主管委託你辦件事，你認為這是主管委託你的事不便拒絕，或因拒絕了主管會不悅，而接受下來，那麼，此後你的處境就會很艱難。這種因畏懼主管報復而勉強答應，答應後又感到懊悔時，就太遲了。

主管委託你做某事時，你要善加考量，這件事自己是否能勝任？是否不違背自己的良心？然後再做決定。如果只是為了一時的情面，即使是無法做到的事也接受下來，這種人的心似乎太軟。縱使是很照顧自己的主管，委託你辦事，但自覺實在是做不到，你就應很明確地表明態度，說：「對不起！我不能接受。」這才是真正有勇氣的人。否則，你就會誤大事。

主管所說的話有違道理，你可以斷然地駁斥，這才是保護自己之道。假使主管欲強迫你接受無理的難題，這種主管便不可靠，你更不能接受。

儘管部下隸屬於主管，但部下也有他獨立的人格，不能什麼事都不分善惡是非而服從。部下並不是奴隸。倘若你的主管以往曾幫過你很多忙，而今他要委託你做無理或不恰當的事，你更應該斷然地拒絕，這對主管來說是好的，對你自己也是負責的。

此外，限於能力，無論如何努力都做不到的事，也應拒絕。但是這有一個前提，即是否真的做不到，應該確實地衡量一下，切不可因懷有恐懼而不敢接受。經過多方考量，提出各種方案後，是否再加上勇氣來突破它？都需要考慮清楚。考慮後，認定實在無法做到，方可拒絕。

當然，拒絕更要講究方法，採用什麼辦法才能讓上司接受，這裡面也是很有學問的。

(1) 佯裝盡力，不了了之

當上司提出某種要求而下屬又無法滿足時，設法造成下屬已盡全力的錯覺，讓上司自動放棄其要求，也是一種好方法。

比如，當上司提出不能滿足的要求後，就可採取下列步驟先答覆：「您的意見我懂了，請放心，我保證全力以赴去做。」過幾天，再彙報：「這幾天某某因急事出差，等下星期回來，我再立即向他報告。」又過幾天，再告訴上司：「您的要求我已轉告某某了，他答應在公司會議上認真地討論。」

儘管事情最後不了了之，但你也會讓上司留下好感，因為你已造成「盡力而為」的假象，上司也就不會再怪罪你了。

通常情況下，人們對自己提出的要求，總是念念不忘。但如果長時間得不到回音，就會認為對方不重視自己的問題，反感、不滿由此而生。相反，即使不能滿足上司的要求，只要能做出些樣子，對方就不會抱怨，甚至會對你心存感激，主動撤回已讓你為難的要求。

(2) 利用團體掩飾自己說「不」

例如，你被上司要求做某一件事時，其實很想拒絕，可是又說不出來，這時候，你不妨拜託其他二位同事，和你一同到上司那裡去，這並非所謂的三人戰術，而是依靠團體替你作掩護來說「不」。

首先，商量好誰是贊成的那一方，誰是反對的那一方，然後在上司面前爭論。等到爭論過一會後，你再出面輕輕地說:「原來如此，那可能太牽強了。」而靠向反對的那一方。

這樣一來，你可以不必直接向上司說「不」，就能表明自己的態度。這種方法會給人「你們是經過激烈討論後，絞盡腦汁才下結論」的印象，而包含上司在內的全體人士，都不會有哪一方受到傷害的感覺，從而上司會很自然地自動放棄對你的命令。

(3) 觸類相喻，委婉說「不」

當主管提出一件讓你難以做到的事時，如果你直言答覆做不到，可能會讓主管損失顏面。這時，你不妨說出一件與此類似的事情，讓主管自覺問題的難度，而自動放棄這個要求。

甘羅的爺爺是秦朝的宰相。有一天，甘羅看見爺爺在後花園走來走去，不停地唉聲嘆氣。

「爺爺，您碰到什麼難事了？」甘羅問。

「唉，孩子呀，大王不知聽了誰的挑唆，硬要吃公雞下的蛋，命令滿朝文武想辦法去找，要是三天內找不到，大家都得受罰。」

「秦王太不講理了。」甘羅氣呼呼地說。他眼睛一眨，想了個主意，說：「不過，爺爺您別急，我有辦法，明天我替您上朝好了。」

第二天早上，甘羅真的替爺爺上朝了。他不慌不忙地走進宮殿，向秦王施禮。

秦王很不高興，說：「小孩子到這裡搗什麼亂！你爺爺呢？」

甘羅說：「大王，我爺爺今天來不了啦。他正在家生孩子呢，託我替他上朝來了。」

秦王聽了哈哈大笑：「你這孩子，怎麼胡言亂語！男人家哪能生孩子？」

甘羅說：「既然大王知道男人不能生孩子，那公雞怎麼能下蛋呢？」

甘羅的爺爺作為秦朝的宰相，遇到了秦王不可能做到的請求，卻又找不到合適的辦法拒絕。甘羅作為一個孩童，能如此得體地拒絕秦王，並讓秦王不得不放棄自己的無理請求，實在是大出人們的預料。也正因為如此，秦王才有「孺子之智，大於其身」的嘆服。以後，秦王又封甘羅為上卿。現在我們俗傳甘羅十二歲為丞相，童年便取高位，不能不說正是甘羅的那次充滿智慧的拒絕，才使秦王越來越看重他的。

7. 女職員的巧妙拒絕

不少女職員對男人們提出的話題感到為難時，直接表示拒絕說：「我不想聽。」那一定會使在座的人很掃興，爾後會認為你是「古怪彆扭的傢伙」。

這個時候，如果你能換個說法：「你說什麼呀，我一點都不明白。」那麼聰明的男人會立刻明白你的意思，並對你產生好感。因為這樣的說法既不使談興盎然的說話者難堪，又能充分表達自己的主張。因此，你若想要成熟起來，就要學會各種拒絕的藝術方法。所以，女職員要懂一點拒絕方面的策略。

(1) 予以回報

如果你想既拒絕對方，又不會觸怒對方，就應該在他感到「被拒絕」之前，賦予他一些「回報」，這就是祕訣。例如，對方勸你一起去兜風，而你不怎麼想去。可以採用下面方法予以「回報」:「我很想去的，但我怕暈車，那很麻煩的。不如下次一起去跳舞，好嗎？」

一般來說，運用這種方法，即使你無法答應別人的邀請或要求，也不會讓人感到你對他置之不理，使他下不了臺。無論對方是哪種類型的男人，你都應該真誠地感謝他。同時，拒絕時絕對不能露出輕蔑的微笑或遮飾羞澀地哈哈大笑。為了安慰對方，也可說「我把某某介紹給你吧，她又漂亮又溫柔，比我強多了」這類的話，這樣才算有風度。

(2) 記不清了

事實上，只要巧妙地說「記不清了」，就能掩飾自己拒絕別人的真實意圖，而且對方聽了，不會火冒三丈，嚴厲斥責。有人說，在用這句遁詞拒絕別人時，要故意裝作手足無措，毫無辦法的樣子說：「對不起，我真記不清了。等一下，讓我好好想想……還是想不起來。」或者笑著說：「我這個人生來就記性不好，啊，呵呵呵。」如果想讓煩人的對方一下安靜下來，你可以輕蔑地望著對方，冷笑著說：「啊，那事我完全忘了。」這些話，不僅適用一切自己心虛想矇混過關的場合，而且用於拒絕對方時，效果更佳。

(3) 婉轉託辭

如果你在互動中聽到對方只是淡淡地說了些「是嗎」這類的話，然後看看錶說：「讓我再考慮一下吧。」這一般來說都是「沒戲了」。因為這是一種婉轉的拒絕方法，如果你不懂，只會讓人嘲笑「不通世故」。長期以來傳統的拒絕方法，言下之意是說「不，不必了，我不要」。但那麼說太直白，不如婉轉地推辭。如果你碰到許多「請求」，諸如「請買吧」、「請訂購吧」、「請簽個名吧」、「請借我點錢」、「嫁給我吧」等，對這些請求，如果你回答時猶豫不決或是模稜兩可，對方就會進一步糾纏你；如果應付不當，又會被人抓住把柄。所以與其勉強應承下來不如拒絕。你可以婉轉地託辭說「讓我考慮一下吧」就行了。

(4) 故意恭維

「當你不得不與惡人打交道時，最好把他當作受尊敬的紳士來對待，除此以外別無他法來制止他。一旦他被視為紳士，他就會努力使自己像紳士那樣不去做可恥的事，爾後從別人信賴中感到自滿。」這是美國一位警長總結經驗得出的名言。

如果有粗魯的男人糾纏你，你不妨把他看做一位紳士，即使他惡意很重，喜歡流裡流氣的言行，你也別讓他看出你是那樣認為的。既然你把他歸到「紳士」裡去，他就會不再放縱其惡習。不知不覺中，他會改變他的態度和舉止，努力使人們承認他，認識他的真正價值，最後與惡習一刀兩斷。

據說，在英國的上流社會，貴族的子女從極小的時候就被稱為紳士、淑女。「你是紳士，我想你不會做那種事」、「你是淑女」這樣以一種使人信任，毫不懷疑的眼光對「紳士」、「淑女」進行教育，和直接要求「拿出點紳士樣子來」，哪個效果更好是顯而易見的。

(5) 讓他說是

高超的拒絕手法就是在談話過程中你不直接向對方說「不」，而是由對方說「是」。如果直接否定他人的意見，別人的心情就難以維持平和，從而不接受對方的觀點。如果你巧妙地以「引誘」，使對方無所防備，思路被你操縱，最後心甘情願地對你說「是」。這是高明的技巧。那些頭腦簡單、不通人情的人，動不動就說「不」，那一定會使彼此陷入尷尬的氣氛中。一旦傷害了對方，以後無論怎樣解釋，都將是徒勞的。

8. 職場上，拒絕別人的五大策略

如何把拒絕的話說得好聽，讓人有臺階可下呢？那麼下面的方法或許能給我們帶來一些幫助。

(1) 透過誘導對方來達到拒絕的目的

當別人向你提出不合理的要求時，不要簡單地拒絕他，而應該讓他明白他的要求是多麼荒唐，從而自願放棄它。一位業績卓著的室內設計師聲稱，對於客戶的不合實際的設想，他從不直截了當地說「不行」，而是竭力引導他們同意他希望他們做的事情。一位婦女想要用一種不合適的花布料做窗簾，這位設計師提議道：「我們來看看你希望窗簾布置達到什麼效果。」接著，他大談什麼樣的布料做窗簾才能與現代裝飾達成最好的和諧，很快，那位婦女便把自己的花布料忘了。

(2) 要以非個人的原因作藉口

拒絕他人，最困難的就是在不便說出真實的原因時又找不到可信而合理的藉口，那麼，不妨在別人身上動動腦筋，比如藉口你的家人方面的原因。一位生活愜意的家庭主婦自稱她的生活之所以能如此安寧，就是因為她能巧妙地拒絕。

當一個業務員敲她家門時，她的態度禮貌而堅定：「我丈夫不讓我在家門前買任何東西。」言外之意就是你看我不買你的商品，不是因為我不願意掏腰包，而是因為我那個有點古怪的丈夫。這樣一來，業務員既不會因為你沒買他的東西而怨恨你，同時也感到再說下去也是白費口舌，因為問題不在於你，而在於你那個他並未晤面的丈夫，於是，他只好作罷。

(3) 用委婉、和氣的方式來表達你的意見

一位熱情奔放的老婦人決定與年輕的女性鄰居交朋友，她發出邀請：「珊蒂，你明天上午到我家來玩，好嗎？」珊蒂臉上露出溫和寬厚的笑容說：「不行啊！」她的拒絕既友好又溫情，但態度又是那麼堅決，老婦人只好作罷。所以，當別人的請求你無法滿足，而又不能或無須找任何藉口時，就用最委婉、最友善、最真誠的語言拒絕他，不留任何迴旋的餘地。

(4) 在拒絕的同時說明還應做些什麼

這一點對擔任一定領導職務的人尤其重要。比如你的下屬向你提出的要求得不到你的滿意答覆，你不妨告訴你的下屬應努力的方向，使他始終看到希望。與此相比，你的拒絕就顯得微不足道，不會挫傷他的自尊心，也不會傷害你與下屬之間的感情。一位美國作者在談及怎樣處理下屬希望晉職

而他本身的條件又不夠的情況時，曾建議企業主管這樣說：「是的，喬治，我理解你希望得到升遷的心情。可是，要得到升遷，你必須先使自己變得對公司更重要。現在，我們來看看對此還要多做點什麼……」

(5) 明確表示你很願意滿足對方的要求

當有人請求你的幫助時，在力所能及的範圍內，應該盡量給予幫助。但碰上實在無能為力的事，你無法給予對方幫助時，也不要急於把「不」字說出口，不要使對方感到你絲毫沒有幫助他解決困難的誠意，否則，你在別人眼中會是一個自私而缺乏同情心的人。保險公司的小安是處理協調客戶賠償要求的事務的，小安的工作決定他要經常地拒絕客戶的要求。然而，他總是對客戶的要求表示同情，並解釋說，從道義上講他同意對方的要求，可自己實在是心有餘而力不足。由於拒絕得當，小安的工作做得很出色。同樣，當別人有求於你而你又無能為力時，先不急著拒絕他，要耐心地傾聽他的陳述，對他所處的困境表示同情，甚至可以向他提些建議，最後告訴他，你實在無法幫他。對方絕不會因此而生氣，反而會被你的誠意所感動。

第三章

本職工作要做好

工作是生命中不可或缺的部分。正如愛迪生（Thomas Alva Edison）所說：「我的人生哲學是工作。」工作不能好高騖遠，不切實際，而是要把心放下來，踏踏實實，不要怨天尤人，因為只會幻想的人得不到真正的機會。歌德（Goethe）曾經說：「我這一生基本上只是辛苦工作，我可以說，我活了七十五歲，沒有哪一個月過的是舒服生活，就好像推一塊石頭上山，石頭不停地滾下來又推上去。」

1. 調整心態，我能為公司做什麼

人在職場，非常重要的一件事就是時刻調整自己的心態。心態擺正了，才能安心地工作，安心地去享受工作。

正如法國偉大的哲學家蒙田（Montaigne）也把下面這句話奉為一生的座右銘：「事件本身並不會危害人，危害人的是我們對事件所採取的態度。」愛默生（Ralph Waldo Emerson）也曾在短文〈相信自己〉中有一個精彩的結尾：除了你自己，沒有人能帶給你平安。

當一些額外的工作分配到你頭上時，不妨視之為一種機遇，這些機遇也許會為你帶來意想不到的效果。相反，你如果把它看成是一種負擔，就會在心理上產生一種反抗心理。

當然，做自己職責範圍之外的事，並不是員工應盡的義務，而是員工為了驅策自己快速前進所做的自願選擇。率先主動是一種極其珍貴、備受看重的人格涵養，它能使人變得更加敏捷、更加積極。無論是管理者還是普通職員，「每天多做一點」的工作態度可以使他從競爭中脫穎而出。對主管而言，這可以使他的老闆、委託人和顧客關注他、信賴他，從而為他提供更多的機會。對員工而言，儘管每天多做一點工作會占用一些私人時間，但這一做法會使他贏得良好的聲譽，受到同事尊重，得到老闆的賞識。

身為員工，不應該抱有「老闆要我做什麼」的想法，而應該多想想「我能為老闆做些什麼」。僅僅盡職盡責是根本不夠的，還必須做得比自己分內的工作多一點點，比老闆期待的更多一點，這樣才可以吸引更多的注意，為自我的提升創造更好的機會。

杜蘭特公司的道尼斯先生，初到公司時，職務低微，每天只是從事整理資料、替人打初稿等零碎工作。短短幾年之後，已成為杜蘭特先生的左膀右臂，擔任其一家分公司的總裁。他之所以能如此快速地升遷，祕密就在於「每天多做一點」。

曾經有位記者在採訪道尼斯先生時，詢問其成功的祕訣。他平靜而簡短地道出了其中的緣由：「在為杜蘭特先生工作之初，我就注意到，每天下班之後，所有的人都回家了，杜蘭特先生仍然會留在辦公室裡繼續工作到很晚。因此，我決定下班後也留在辦公室裡。是的，的確沒有人要求我這樣做，但我認為自己應該留下來，在必要時為杜蘭特先生提供一些幫助。」

「工作時杜蘭特先生經常找檔案、列印資料，最初這些工作都是他自己親自來做。很快，他就發現我隨時在等待他的召喚，並且逐漸養成找我協助的習慣……」

可見，你應該養成「每天多做一點」的好習慣，其主要有如下兩個原因：

其一，如果希望讓自己得到鍛鍊，唯一的途徑就是從事最艱苦的工作，尤其是額外的不屬於自己職責範圍之內的工作。

其二，一個人在養成了「每天多做一點事」的好習慣之後，與四周那些尚未養成這種習慣的人相比，已經具有了很大的優勢。這種習慣會使他無論從事什麼行業，都會有更多的人指名道姓地要求由他來提供服務，這將為他的生存消除後顧之憂。

對於那些剛剛踏入社會的年輕人來說，要想獲得成功，必須做得更多、更好。一開始，他們也許從事銷售、市場、祕書、會計和出納之類的事務性工作，但是這並不是他們一輩子的職業，而是走向高層的基礎工作。只有練好了基本功，打好基礎，才會有成功的一天。因此，成功人士除了要做好本職工作之外，還要做一些不同尋常的事情來培養自己的能力。

社會在進步，公司在發展，個人的職責範圍也在隨之不斷擴大。不要總是以「這不是我分內的工作」為由來逃避責任。提前上班，別以為沒人會注意到。提早一點到公司，就可以說明這個員工十分重視這份工作。每天提前一點上班，可以對一天的工作簡單地做個規畫，當別人還在思考當天該做什麼時，你已經走在了別人的前面！所有的這一切，老闆都會看得一清二楚的。

有人曾經研究過，為什麼當機會來臨時，我們卻無法確認？因為機會總是喬裝成了「問題」的樣子。當顧客、同事或者老闆交給你某個難題時，也許正是為你創造了一個寶貴的機會。對於一個優秀的員工而言，公司的組織結構如何，誰該為此問題負責，誰應該具體完成這一任務，都不是最重要的，在他心目中唯一的想法就是如何將問題解決好，將自己能夠做到的事情做好。

對諸多成功人士的成功經驗的研究也反覆證明了額外投入的回報原則，尤其是在這些人早期創業時，這個原則尤顯重要。當他們的努力和個人價值沒有得到老闆的承認時，他們往往會選擇獨立創業，在這個過程中，早期的努力使其大受裨益。他們付出的努力如同購買了一份事業的保險，當遇到不測時，保險會解決投保人的燃眉之急，而早期的付出也會幫他們度過事業的難關。

付出多少，得到多少，這是一個眾所周知的因果法則。也許你的投入暫時無法立刻得到相應的回報。不過，你不要氣餒，應該一如既往地多付出一點。回報可能會在不經意間，以出人意料的方式出現。最常見的回報就是晉升和加薪。調整一下自己的心態，或許前面的道路就會變得「柳暗花明」。

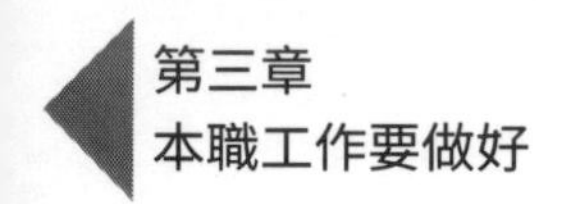

2. 不抱怨，養成良好的工作習慣

隨著社會競爭的加劇，上班族總是處在一種高度緊張的工作狀態中，每天除了正常的工作時間外，時常加班已經司空見慣，甚至已經成為了一種習慣。這無疑為身心又增添了額外的負荷，常常使人感到身心疲憊，怨聲載道。為了減輕工作帶來的壓力，保持身心的健康，就要想辦法讓自己的工作變得快樂起來。

不抱怨，要使工作變得快樂起來。首先，你的想法得正確。要知道，對自己的工作感興趣會帶給你許多好處。當然，老闆希望這樣，因為他可以賺更多的錢。我們先不管老闆要什麼，自己首先要清楚，自己每天清醒的時間有一半以上要花在工作上，那麼，如果你在工作上得不到快樂，在別的地方也得不到快樂。

所以，要提醒自己，對工作感興趣不但能讓你在工作上展現效率，而且很可能會為你帶來升遷和加薪的機會。即使不能做到對自己的工作充滿了興趣，也要減少抱怨，因為這樣也會減少你在工作中的疲勞，從而讓你享受工作的快樂。

具體方法有如下幾點：

(1) 整理眼前的辦公桌

為了輕鬆工作，辦公桌上應當只留下你要處理的相關的資料就可以了。這種方法雖然很簡單，但對一天的工作狀態卻能發揮良好的作用。而不是每天早晨上班後，看到滿桌子都是報告、信件、公文等，只會讓人產生一種心煩意亂和緊張的情緒。這樣就會影響整天的工作心情，容易導致身心疲憊。

(2) 提前制定工作計畫

制定工作計畫是順利完成工作的重要前提。提前一天把工作按照任務的主次輕重先整理一遍，開始執行的時候就會輕鬆很多，心情也會變得愉快。

(3) 將工作留在辦公室

有人習慣於下班時將工作帶回家，其實，這是很不好的工作習慣，最好的方式是應該在辦公室完成必要的工作。因此，提前為下班做準備，在下班前整理一下自己的思路，思考哪些工作是必須完成的，哪些工作能夠放在明天。這樣你心裡就有數了，從而減少工作之餘的擔心。

(4) 寫下工作中的困難

要經常整理自己的工作，如果在工作中的困難很多，或者一時找不到解決的辦法，最好將所遇到的困難或是壞情緒寫下來，然後再把那張紙撕碎，或是逐步地解決。

(5) 不要隨便請假

不要把請假看成是一件小事情，隨便找個藉口就請假。比如身體不適、朋友有事、孩子生病等，這樣就會讓人留下一種多事的印象，而且也會影響工作進度。即使你認為不會影響自己的工作效率，但因為你是在一個合作的環境裡工作，所以你的缺席很可能對其他同事造成不便，影響整體工作的進度。因此，沒有特殊的情況，就不要隨便請假。

(6) 集中注意力

利用工作時間處理個人私事或彼此閒聊，毫無疑問會分散注意力，降低工作的效率，影響工作的進度和品質。因此，辦公時間全心全力地投入到工作上，是必要的，也是應該的。

(7) 做事要果斷、堅決

雖然有時候，工作中的問題千頭萬緒，但是如果需要自己做決定的事情，一定要當場解決，不要猶猶豫豫，即使不能馬上下定論，也要在大腦中形成一個大致的輪廓，從而為解決問題提供一個參考。否則，以後的問題會越積越多，等你再想解決的時候，就會覺得疲憊不堪，心有餘而力不足。

(8) 學會組織、負責和監督

學會把責任分攤給其他人，既是一種良好的工作習慣，也是工作智慧的展現。如果堅持事必躬親，無論大事小事都攬在自己的身上，結果只能是使自己忙得找不到頭緒，降低工作的效率。

(9) 健康使用電腦

長期使用電腦的人都有一種不適的反應，最後導致影響自己的工作效率。其實，在工作時，只需要一個健康的工作姿勢就能舒適和安全地工作了。保持一個良好的工作姿勢是非常重要的，並且還要適當地活動一下，讓自己輕鬆一下，更能提高工作的效率。

(10) 建立良好的關係

評論別人和被別人評論，這是非常正常的現象，但如果別有用心地評論某人，那麼就是不應該的事情了。也許你是無意的，但對方怎樣想，你就無法知曉了。所以，最好的方法就是和同事建立良好的工作關係，利人利己。

在現實生活和工作中，幾乎每一個人都要工作，而工作也是一種特殊的勞動，既有壓力也有樂趣，養成良好的工作習慣，就會把眼前的工作變為一種享受，體會到其中的樂趣。良好的工作習慣就是提高工作效率的催化劑。相反，不良的工作習慣就會導致情緒緊張、憂鬱，降低工作效率等，給自己增添不必要的壓力，甚至影響自己的健康狀態。

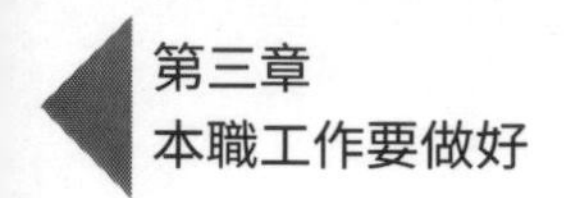

3. 本職工作，不需要過多的藉口

在現實的工作環境裡，不管從事什麼行業，不管在什麼地方，我們總能遇到一些投機取巧、逃避責任之人，他們不僅缺乏一種神聖使命感，而且還要找各式各樣的藉口去敷衍自己的工作。

這樣的員工，可以說在短時間內或許不會被「拆穿」，但是時間長，還是會被精明的上司發現，後果當然也是在預料之中。所以，一個人要選擇一項自己所熱愛的事業，並全心全力地投入，真正做到做一行、愛一行，才能真正掌握自己的命運。

面對自己的本職工作，必須要善於發揮自己的主動性、創造性，高品質地完成任務，絕不能採取消極態度或拒絕執行任務。以下幾點建議，是高效率完成本職工作的參考。

(1) 刻苦鑽研業務

不斷進步意味著需要不斷學習。正如輟學的孩子更容易出現問題一樣，不再學習的員工更容易在職業上碰到麻煩。優秀的員工似乎始終在不斷使自己進步，他們觀察、傾聽、學習人家的經驗，以便把工作做得更好。

在美國一個著名的節目中，莊臣公司的總裁對美國管理協會總裁說：「工商業之間在世界範圍內的競爭變得更加激烈。對付這個挑戰的辦法跟以往不同了，你必須不斷提高自己的素養。否則，就要落後。」

(2) 保持謙虛的態度

當年科羅拉多州立大學校長在接受其學校一個機械管理學院的院長職務時，一位校董事對他講了以下一番語重心長的話：「這個學院很需要你。你既然來了，就要馬上動手解決問題。即使是一個陌生人，也能發現問題。全力以赴地去解決問題吧。但你要隨時往後面看看。如果大家沒有跟著你走，你就談不上領導他們。別忘記，你並不是一個不可取代的人。在你忘乎所以之前，你應坐在樹底下好好想一想，你的幸運是由於天時、地利、人和等因素促成的。如果這還不能使你保持謙虛的話，那麼，你應該知道，有 12 個人可以勝任你的工作，其中有一、兩個人可以比你做得更好。謙遜一點吧。」

馬爾科姆．富比士（Malcolm Forbes）在他的一本書中也曾援引巴爾塔沙．葛拉西安（Baltasar Gracián）的話說，「人若天天表現自己，就會拿不出使人感到驚訝的東西。必須經常把一些新鮮的東西保留起來。對那些每天只拿出一點招數的人，別人始終保持著期望。任何人都對他的能力摸不到底。」

所以，一定要保持謙虛的態度，不要傲慢自大，但同時也要正視自己的貢獻。如何做到這一點呢？談話之前就必須好好思考一下，對事情所涉及到的人，要有分寸；自己要誠實，屬於自己的功勞，不必客氣，但要多與他人共享。

（3）具有頑強的韌性

頑強是一種下決心要獲得結果的精神以及為之奮鬥不已的行為，不管在奮鬥的過程中要忍受什麼樣的艱難險阻。

《富比士》（*Forbes*）雜誌的版面充滿了那些頑強打拚、絕不罷休的人的故事。喬許·費根鮑姆（Josh Feigenbaum）是 MJI 廣播公司的首席執行主管。他以前當過搖滾樂隊團員和里斯塔·雷科茲公司的業務員，曾經創辦過電臺聯合演出節目，結果不成功；後來創辦體育雜談節目，也不成功；再後來創辦系列互動式電臺節目獲得成功，一年收入高達 1,100 萬美元。他說：「並非只有火箭科學家才能獲得成功……我們需要的只是付出更多的努力，比別人更加勤奮。」

因此，如果你被迫拋棄你的很多特質，那麼，有一種特質是你必須保持下來的，那就是頑強的精神。你會驚訝地發現，這種不屈不撓的精神會使你創造出驚人的成就。只要你堅持不懈，任何目標都能實現：周遊全球，攀上聖母峰，登上總裁的寶座。

(4) 要有一定的自我控制能力

美國西南航空公司被認為是美國最令人羨慕的航空公司。在虧損一片的航空市場，這家打折扣的客運航空公司卻連續 21 年獲得盈利。其總裁赫布．凱勒埃（Herb Kelleher）曾說，「我們僱用的不是人，而是態度。我們公司最好的口號是：『我們之所以微笑，是出於自願，而不是出於被迫。』」

在現實生活中，你控制不了社會環境、控制不了他人，但幸運的是，自己的態度是你可以控制的。你在事業上的成就主要取決你的態度，而不是你的能力。因為人是靠性格造就自己的。只有那些能夠控制自己態度的人才能獲得成功。

控制態度其實非常簡單，就如同你對自己說，你希望獲得什麼結果。美國某投資公司 CEO（同時也是一位高爾夫球迷）說：「我決心成為一個更好的高爾夫球打者，我最近的三場比賽就實現了這個目的！」

不過你需要注意，放棄控制比維持控制要容易得多。討厭並毀掉你自己、他人和別人的工作，這是一種放縱行為。如果你想要晉升，就不能選擇那種行為。

(5) 高品質完成任務

要想充分展示你的能力，必須創造性地完成老闆交給的各項任務。否則，再順暢的管道也無用。

我們需要創造性地完成老闆交付的各項任務，接受任務時應該認真領會老闆的意圖；執行計畫的過程中，要隨時將工作進度和相關情況向老闆彙報。如果發現老闆的指示有誤，可以委婉地向老闆反映或提出建議，如果一時難以協調，可暫時保留意見，但絕不能採取消極態度或拒絕執行任務。

切記，必須要善於發揮自己的主動性、創造性，高品質地完成任務。老闆往往喜歡那些「老闆想到的他就能做到，老闆沒想到的他也能辦到」的員工。因此，你必須善於變通，但變通絕非亂變，要變得合理、變得有據、變得有效，既要按老闆意圖正確「發揮」，又不能自作聰明，越俎代庖。

(6) 誠實正直

優秀的老闆都提倡誠實和正直。那麼，他們對誠實和正直的具體建議和做法要求如下。

✧ 要誠實，表裡如一。
✧ 不要採取「騎牆」態度。
✧ 對別人的誤解給予諒解。
✧ 不要有意識地誤導或說假話。
✧ 不要不負責任地信口開河。
✧ 不要不守信用，自食其言。
✧ 不要浮誇。經常接觸現實，避免偏聽偏信。
✧ 要了解到，一個人的誠實會襯托出另一個人的不誠實。

- ✧ 要記住，你不信任人家，往往也會使人家不信任你。
- ✧ 要準確、乾脆、果敢地行動。喋喋不休的解釋會帶給你麻煩。
- ✧ 把棘手的問題擺在桌面上。
- ✧ 時刻記住：不誠實是要坐牢的。
- ✧ 要記住，不管你多麼周密地掩蓋真相，總會被人揭露的，那會使你尷尬。

培養誠實的最好藥方莫過於自己心中的良知，它會隨時提醒你：你的所作所為，哪些是誠實的，哪些是不誠實的。

正直是與誠實相伴的。你的所言、所想和所做，要努力保持一致。老闆將會注意到你，把你與那些言行不一的人區別開來，從而更加信任你、重用你。

(7) 富有創新精神

- ✧ 泰然自若。如果一些事情沒有成功，不要大驚小怪，過分吹毛求疵。別為某事失敗而發愁。即使不成功，你可以捫心自問：這對我或他人是否有好處？事情是不是有所改變？是否有所改進？
- ✧ 堅定自己的決心。首先要從控制你的態度開始。不斷提醒自己要創新。不是為了創新而創新，而是為了使你的思想、工作和改善的過程不斷持續下去而創新。

✧ 積極支持他人。要意識到，別人也在努力提出新的想法。積極地支持他人，將會贏得他人對你的支持，啟發你的一些思路，彼此均會受益匪淺。
✧ 堅持不懈。即使面對挫折，也應該繼續努力，不要放棄，不要失望，也不要挫傷別人的積極性。頑強地堅持下去，結果會在你最意想不到、也可能最需要的時候出現突破。

每一個老闆都對公司的發展方向有一個明確的設想，並把他的意圖灌輸給員工：他的團隊有什麼打算，價值觀是什麼，公司應當朝什麼方向發展等。這些想法必須對每個層級的員工反覆地講。這將有助於員工按照正確的方向執行任務。

4. 盡職盡責，做好自己的本職工作

無論從事何種職業，都不要渾水摸魚，從中漁利，否則在水中摔倒或被利器傷了腳都是很有可能的。正如美國一份報紙刊登的一則徵求教師的廣告，其中幾句是：「雖然輕鬆，但要全心全意，盡職盡責。」事實上，不僅教師如此，所有人對工作都應該全心全意、盡職盡責。這正是敬業精神的基礎。

所謂敬業，就是敬重自己的工作，其具體表現在認真負責、一絲不苟、善始善終等職業道德，其中糅合了一種使命感和道德責任感。敬業精神在當今社會裡成為了一種最基本的為人之道，同時也是成就事業的重要條件。任何一家想在競爭中獲勝的公司都會想方設法讓每個員工樹立敬業精神。沒有兢兢業業的員工就無法為顧客提供高品質的服務和高品質的產品。

許多人都曾為一個問題而困惑不解：明明自己比他人更有能力，但是成績卻遠遠落後於他人。不要疑惑，不要抱怨，而應該先問問自己，在工作領域你確信自己沒有渾水摸魚嗎？自己是不是全心全力地投入了呢？如果你對這些問題無法做出肯定的回答，那麼這就是你無法獲勝的主要原因。

知道如何做好一件事，比對很多事情都略懂一二要強得多。正如一位美國總統在德州的某一學校演講時說：「比其他事情更重要的是，要知道怎樣將一件事情做好；與其他有能力做這件事的人相比，如果你能做得更好，那麼，你就永遠不會失業。」

一個成功的經營者說：「如果你能真正製造好一枚別針，應該比你製造出粗陋的蒸汽機賺到的錢更多。」一個認為小事情不值得認真對待的人，做任何事情都會漏洞百出。如果一件事情是正確的，那麼就大膽而盡職地去做吧！如果它是錯誤的，就乾脆別動手。

無可否認，生活中存在著這樣一種人：他們從來不會認真整理自己的論文和書信，將所有的文稿和信件散亂地堆放在書桌上，這樣的人辦事缺乏條理，不講究秩序，思考也不周密。這樣的人，根本搞不清楚自己的立場、原則和態度，別人對他也會失去信心。久而久之，他會產生消極情緒，認為自己是個一事無成的人。

等待這種人的往往是失敗，家人和同事也會為他們感到沮喪和失望。這樣的人怎能與盡職盡責連繫在一起呢？如果這種人成為主管，將會造成更惡劣的影響，其下屬也必定會受這種惡習的傳染——當他們看到上司不是一個精益求精、細心周密的人時，往往會群起而效仿。這樣一來，個人的缺陷和弱點就會侵入到整個團隊中去，必定會影響公司的發展。盡職盡責是每一個人的事情，而不是單獨誰的事情。

一位哲人說過：「不論你手邊有何工作，都要盡心盡力地去做！」在工作中，許多人抱持著混日子的想法。要知道激烈的競爭已經決定了混日子的人無法在職場生存，它要求人們要把心思全部放到工作中，盡自己最大的努力把工作做好。另一位先哲則道：「如果某項工作必須去做，那麼就全心全力投入到工作中吧！」

做事情無法善始善終的人，其心靈上亦缺乏相同的特質。他不具備盡職盡責的好習慣。因此，意志不堅定，個性不鮮明，無法實現個人目標。一面貪圖玩樂，一面修道，自以為可以左右逢源的人，不但享樂與修道兩頭落空，最後又會一事無成。

做事一絲不苟能夠迅速培養嚴謹的品格、獲得超凡的智慧；它既能帶領普通人往好的方向前進，更能鼓舞優秀的人追求更高的境界。所以，無論身處任何行業都必須養成盡職盡責的好習慣，在特定的工作職位上竭盡全力，因為它決定一個人事業的成敗。能時常以盡職的態度工作，即使從事最平庸的職業也能增添個人榮耀。人一旦全力以赴地工作，就獲得了開啟成功之門的鑰匙。

事實也證明，一個對工作不負責任的人，往往是一個缺乏自信的人，也是一個無法體會快樂真諦的人。要知道，當你將工作推給他人時，實際上也是將自己的快樂和信心轉移給了他人。受人尊重會獲得更多的自尊心和自信心。不論你的薪資多麼低，不論你的老闆多麼不器重你，只要你能夠忠於職守，將自己所有的精力和熱情傾注到工作當中去，漸漸地就會為自己的工作感到驕傲和自豪，也將會贏得他人的尊重。以主角的心態去對待工作，工作自然而然就能做得更好。

一個人無論從事何種職業，都應該把盡心盡責當成一種工作的必需，盡自己的最大努力，求得不斷的進步。這不僅是工作的原則，也是人生的原則。如果沒有了職責和理想，生命就會變得毫無意義。無論你身居何處（即使在貧窮困苦的環境中），如果能全心全力投入工作，最後你就會獲得你想要的成功。

5. 工作無小事，勿以事小而不為

人們常以「勿以善小而不為」勸誡年輕人，不能好高騖遠，要踏踏實實做事。一個人日常所做的事情，往往與理想的距離較遠，不過，應該將行動中所汲取的經驗、知識累積起來，作為邁向下一個階段的基石，這也正所謂「不積跬步，無以至千里；不積小流，無以成江海」。

生命中的大事皆由小事累積而成，沒有小事的累積，也就成就不了大事。其實，不管什麼樣的構想都是有一定價值的，關鍵在於行動。如果一味只想不做，再好的構想也是絲毫沒有價值可言的，甚至還不如得到落實的小事情有價值。無論事情多小，只要能夠做出成績來，就是一個了不起的人，一個人對自己的成績有了自信心，就能激發數倍的潛力。

例如，如果你想存 1 億元，首先應該存夠 1 萬元。如果連 1 萬元也無法存到，那麼 1 億元就永遠只是空想罷了。因為對一個連 1 萬元都沒有的人而言，1 億元真的是一個天文數字。如果在一年中能存 1 萬元，然後以這個速度不斷地向前推進，即使達不到預期的目標，但起碼是在緩慢接近的。

生命中的大事皆由小事累積而成，沒有小事的累積，也就成就不了大事。人們只有了解到這一點，才會開始關注那些以往認為無關緊要的小事，培養做事一絲不苟的美德，成為深具影響力的人。

實際上，「能力」和「社會性地位」與「事業」等等目標，在本質上與上述的「金錢」例子是相同的。即使最終目標不能實現，但是在追逐目標的過程中可以將小小的業績不斷提高，再不斷地擴充、累積，可以使你的自信心、知識、社會地位逐漸得到提升。

在工作上也是一樣，成功的員工一般都把一切做得最完美，而且不留任何藉口。做事一絲不苟就意味著對待小事和對待大事一樣謹慎。許多小事中都蘊涵著令人不容忽視的道理。那種認為小事可以被忽略、置之不理的想法，正是我們做事不能善始善終的根源，它只會導致工作不完美，生活不快樂。

許多人無法培養一絲不苟的工作作風，其原因在於貪圖享受、好逸惡勞，背棄了將本職工作做得完美無缺的基本原則。因此無論做任何事情，在步入正軌之前，總會遇到許許多多的障礙和挫折。特別是在無法得到上司的認可和其他人的協助時，尤其會覺得痛苦。不管是要完成一件事情，還是改善、改革一件事，都必須以「好奇心」為先決條件。但是這種具有好奇心的人，在現今社會裡畢竟是屬於少數派，甚至很可能是孤獨的，當有一個員工產生某種構想時，其觀念越新，則外來的壓力就會越大。所以如果你有新奇的構想，就必須有一定的心理準備和勇氣。

為了使你的構想和計畫能夠得以落實，必須加倍努力，從小事做起。只有從自己會做的事情開始，不斷累積小小的實績，然後才能逐漸地增加同伴和機會。

美國標準石油公司曾經有一位小職員阿奇博（Archbold），他在出差住旅館的時候，總是在自己簽名的下方，寫上「每桶 4 美元的標準石油」字樣。在書信及收據上也不例外，簽了名，就一定會寫上那幾個字。他因此被同事們叫做「每桶 4 美元」，而他的真名倒沒有人叫了。

公司董事長洛克斐勒（Rockefeller）知道這件事後說：「竟有職員如此努力宣揚公司的聲譽，我要見見他。」於是邀請阿奇博共進晚餐。

後來，洛克斐勒卸任，阿奇博成了第二任董事長。

在簽名的時候署上「每桶 4 美元的標準石油」，這算不算小事？嚴格說來，這件小事還不在阿奇博的工作範圍之內。但阿奇博做了，並堅持把這小事做到了極致。那些嘲笑他的人中，肯定有不少才華、能力在他之上的，可是最後，只有他成了董事長。

可見，任何人在獲得成就之前，都需要花費很多的時間去努力，不斷做好各種小事，才會達到既定的目標。當然，對待工作也是如此，所以，無論是初入職場的年輕人，還是久經沙場的成功人士，都應該懂得工作上面無小事，勿以事小而不為。

6. 勇於挑戰「不可能完成」的工作

西方有句名言：「一個人的思想決定一個人的命運。」不敢向高難度的工作挑戰，是對自己潛能的畫地為牢，只能使自己無限的潛能化為有限的成就。與此同時，無知會使你的天賦減弱，因為你的懦夫一樣的所作所為，不配擁有這樣的能力。

在你和老闆之間，最大的障礙是什麼？不是虎視眈眈的競爭者，也不是嫉賢妒能的昏庸老闆，最大的障礙是你自己！是你面對「不可能完成」的高難度工作時，抱持的推諉求安的消極心態。要想在職場上有所發展，就要勇於挑戰「不可能完成」的工作。

勇於向「不可能完成」的工作挑戰的精神，是獲得成功的基礎。職場之中，很多人如你一樣，雖然頗有才學，具備種種獲得老闆賞識的能力，但是卻有個致命弱點：缺乏挑戰的勇氣，只願做職場中謹小慎微的「安全專家」。對不時出現的那些異常困難的工作，不敢主動發起「進攻」，一躲再躲，恨不能避到天涯海角。他們認為：要想保住工作，就要保持熟悉的一切，對於那些頗有難度的事情，還是躲遠一些好，否則，就有可能被撞得頭破血流。結果，終其一生，也只能從事一些平庸的工作。

事實證明，在如此失衡的市場環境中，如果你是一個「安全專家」，不敢向「不可能完成」的工作挑戰，那麼，在與「職場勇士」的競爭中，永遠不要奢望得到老闆的垂青。當你萬分羨慕那些有著傑出表現的同事，羨慕他們深得老闆器重並被委以重任時，那麼，你一定要明白，他們的成功絕不是偶然的。

「職場勇士」與「職場懦夫」，在老闆心目中的地位有天壤之別，根本無法並駕齊驅，相提並論。一位老闆描述自己心目中的理想員工時說：「我們所急需的人才，是有奮鬥進取精神，勇於向『不可能完成』的工作挑戰的人。」具有諷刺意味的是，世界上到處都是謹小慎微、滿足現狀、懼怕未知與挑戰的人，而勇於向「不可能完成」的工作挑戰的員工，猶如稀有動物一樣，始終供不應求，是人才市場上的「搶手貨」。

如同禾苗的茁壯成長必須有種子的發芽一樣，他們之所以成功，得到老闆青睞，相當程度上取決於他們勇於挑戰「不可能完成」的工作。在複雜的職場中，正是秉持這一原則，他們磨礪生存的利器，不斷力爭上游，才能脫穎而出。

當然，很多人也許會用「說起來簡單做起來難」來反駁這些思想。其實，很多看似「不可能」的工作，困難只是被人為地誇大了。當你冷靜分析、耐心爬梳，把它「普通化」後，你常常可以想出很有條理的解決方案。

而最值得一提的是，要想從根本上克服這種無知的障礙，走出「不可能」這一自我否定的陰影，躋身老闆認可之列，你必須有充分的自信。相信自己，用信心支撐自己完成這個在別人眼中不可能完成的工作。

信心會給予你百倍於平常的能力和智慧。因為「自信的心」能夠開啟想像的心鎖，讓你能夠馳騁在理想的空間，賦予你實現夢想的「關鍵元素」——足夠的能力和智慧。

你或許也發現了這樣一種情況：在你的周圍，那些充滿自信的同事總能把工作完成得很好。在你眼中，有些工作是不可能完成的，可是到了他們那裡，一切都迎刃而解，也因此，他們越來越受老闆器重。

此時此刻，在理解了自信的魅力後，相信你不會再對他們投注那麼多的驚嘆和質疑。要知道，如果你自己擁有了足夠的自信，同樣也有能力化腐朽為神奇，將「不可能」變為「可能」。

當然，在灌注信心的同時，你必須了解這些工作為什麼被譽為「不可能完成」，針對工作中的種種「不可能」，看看自己是否具有一定挑戰力，如果沒有，先把自身功夫做足做硬，「有了金剛鑽，再攬瓷器工作」。須知道，挑戰「不可能完成」的工作常有兩種結果，成功或失敗。而你的挑戰力往往使兩者只有一線之差，不可不慎。但換言之，如果你對自己的挑戰力判斷有誤，挑戰之後讓「不可能完成」變成現實，千萬不要沮喪失望。聰明、成熟的老闆，一定不會只看結果是成功還是失敗了，他決定你是否應該受到器重，還會觀察你的勇於挑戰的工作態度和頭腦的運用。他比任何人都明白，沒有一種挑戰會有馬到成功的必然性。所以，你依然是老闆喜愛的「職場勇士」。同時，你所經歷的、所得到的，都是膽怯觀望者們永遠都沒有機會知道的 —— 因為他們根本就不敢嘗試。

職場之中，渴望成功，渴望與老闆走得近一些、再近一些，是多數員工的心聲。如果你也在其列，那麼當一件人人看似「不可能完成」的艱難工作擺在你面前時，不要抱著「避之唯恐不及」的態度，更不要花過多的時間去設想最糟糕的結局，不斷重複「根本不能完成」的念頭 —— 這等於在預演失敗。就像一個高爾夫球員，不停地囑咐自己「不要把球擊入水中」時，他腦子裡將出現球掉進水中的映像。試想，在這種心理狀態下，打擊出的球會往哪裡飛呢？

所以，還是懷著感恩的心情主動接受它吧！用行動積極爭取「職場勇士」的榮譽吧！讓周圍的人和老闆都知道，你是一個意志堅定，富有挑戰力，做事敏捷的好員工。這樣一來，你就無須再愁得不到老闆的認同了。

7. 飽含熱情，以最佳狀態投入工作

微軟的面試人員曾對記者說：「從人力資源的角度講，我們願意招募的『微軟人』，他首先應是一個非常有熱情的人：對公司有熱情、對技術有熱情、對工作有熱情。可能在一個具體的工作職位上，你也會覺得奇怪，怎麼會招募這麼一個人，他在這個行業涉獵不深，年紀也不大，但是他有熱情，和他談完之後，你會受到感染，願意給他一個機會。」

這種工作時熱情四射的狀態，幾乎每個人在初入職場時都經歷過。可是，這份熱情來自對工作的新鮮感，以及對工作中不可預見問題的征服感，一旦新鮮感消失，工作駕輕就熟，熱情也往往隨之湮滅。一切開始平平淡淡，昔日充滿創意的想法消失了，每天的工作只是應付了事即可。既厭倦又無奈，不知道自己的方向在哪裡，也不清楚究竟怎樣才能找回曾經讓自己心潮澎湃的熱情。在老闆眼中你也由一個前途無量的員工變成了一個還算稱職的員工。

由此可見，以最佳的精神狀態工作不但可以提升你的工作業績，而且還可以為你帶來許多意想不到的成果。精神狀態是如何影響工作的，不是任何人都清楚，但是我們都知道沒有人願意跟一個整天提不起精神的人打交道，沒有哪一個老闆願意提拔一個精神萎靡不振、牢騷滿腹的員工。

剛剛進入公司的員工，自覺工作經驗缺乏，為了彌補不足，常常早來晚走，鬥志昂揚，就算是忙得沒時間吃中飯，依然很開心，因為工作有挑戰性，感受也是全新的。

精神狀態是可以互相感染的，如果你始終以最佳的精神狀態出現在辦公室，工作有效率而且有成就，那麼你的同事一定會因此受到鼓舞，你的熱情會像野火般蔓延開來。

山姆是一家汽車清洗公司的經理，這家店是 12 家連鎖店中的一個，生意相當興隆，而且員工都熱情高漲，對他們自己的工作表示驕傲，都感覺生活是美好的……

但是山姆來此之前不是這樣的。那時，員工們已經厭倦了這裡的工作，有些人已打算辭職，可是山姆卻用自己昂揚的精神狀態感染了他們，讓他們重新快樂地工作起來。

山姆每天第一個到達公司，微笑著向陸續到來的員工打招呼，把自己的工作一一排列在日程表上，他創立了與顧客聯誼的員工討論會，時常把自己的假期向後推遲……

在他的影響下，整個公司變得積極上進，業績穩步上升，他的精神改變了周圍的一切，老闆因此決定把他的工作方式向其他連鎖店推廣。

良好的精神狀態是你責任心和上進心的外在表現，這正是老闆期望看到的。所以就算工作不盡如人意，也不要愁眉不展、無所事事，要學會掌控自己的情緒，讓一切變得積極起來。

在充滿競爭的職場裡，在以成敗論英雄的工作中，誰能自始至終陪伴你，鼓勵你，幫助你呢？不是老闆，不是同事，不是下屬，也不是朋友，他們都不能做到這一點。唯有你自己才能激勵自己更好地迎接每一次挑戰。

工作時神情專注，走路時昂首挺胸，與人交談時面帶微笑……會讓老闆覺得你是一個值得信賴的人。愈是疲倦的時候，就愈穿得好、愈有精神，讓人完全看不出你的一絲倦容。如果是女性的話，還要化個全妝，這樣做會對他人帶來積極的影響。

查理·瓊斯（Charles Jones）提醒我們：「如果你對於自己的處境都無法感到高興的話，那麼可以肯定，就算換個處境你也照樣不會快樂。」換句話說，如果你現在對於自己所擁有的事物，自己所從事的工作，或是自己的定位都無法感到高興的話，那麼就算獲得你想要的事物，你還是一樣不快樂。

所以要想變得積極起來完全取決於你自己。總之，每天精神飽滿地去迎接工作的挑戰，以最佳的精神狀態去發揮自己的才能，就能充分發掘自己的潛能。你的內心同時也會變化，變得越發有信心，別人也會越發認識你的價值。

在工作中保持熱情四射的狀態，不斷為自己樹立新的目標，挖掘對工作的新鮮感。雖然，這種良好的精神狀態不是財富，但它會帶給你財富，也會讓你得到更多的成功機會。

所以保持對工作的新鮮感是保證你工作熱情的有效方法。可是這談何容易，不管什麼工作都有從開始接觸到全面熟悉的過程。要想保持對工作恆久的新鮮感，首先必須改變工作只是一種謀生方式的認知，把自己的事業、成功和目前的工作連繫起來。其次，保持長久熱情的祕訣，就是為自己不斷樹立新的目標，挖掘新鮮感；把曾經的夢想撿拾起來，找機會實現它；審視自己的工作，看看有哪些事情一直拖著沒有處理，然後把它做完……在你解決了一個又一個問題後，自然就產生了一些小小的成就感，這種新鮮的感覺就是讓熱情每天都陪伴自己的最佳良藥。

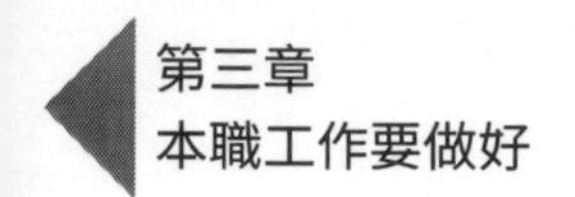

8. 笑看工作，其實工作很簡單

法國作家拉伯雷（Rabelais）說過這樣的話：「生活是一面鏡子，你對它笑，它就對你笑；你對它哭，它就對你哭。」其實，生活和工作就是這樣，既然你難以改變身邊的環境，何不變換一種視角和心態去適應它呢？現實中總是有很多人無法這樣轉變自己，從而生活在自己為自己編織的禁錮裡。

一個人的心態就像是山谷中的回聲，如果整日愁眉苦臉地面對你的工作和生活，那麼你的工作和生活也肯定會愁眉不展地回應你；相反，如果你能自信樂觀地看待工作，你的工作也肯定會一片燦爛，陽光無限。

有句話說，痛並快樂著。其實，一個人的工作作為生活中重要的一部分，難免會遇到不如意的事情，例如：同伴晉升、加薪，而你一樣努力卻沒有；上司不欣賞你的工作方式；你和同事的關係不是很融洽等等，都會讓你內心沮喪、無奈。但是，工作畢竟是工作，你一旦陷入情緒低落的「惡性循環」，那你的工作將會更加的難做，你離成功也將會更加的遙遠。

人總是避苦求樂的，都希望快樂地度過每一天，都希望擁有一個很滿意的工作，但生活本身就充滿了酸甜苦辣，快樂和痛苦本是同根生。當你痛苦時，不妨想到往昔的快樂；當你快樂時，不妨留一片空間，以接納苦難。所以，快樂和困難，還要看你是怎樣對待的。

面對工作，只有心往好處想，才能幫助自己衝破工作環境的黑暗，開啟光明的出路，才能獲得更多更大的事業上的成功和人生的樂趣。在困頓、苦難面前，一味哭喪著臉，除了磨掉自己的銳氣外，不會賺到任何同情的眼淚。只有顫抖於寒冷中的人，最能感受到太陽的溫暖；也只有從痛苦的環境中擺脫出來，才會深深感覺到這個世界的美好。就像火車過隧道，即使在黑暗中，也要看到前方的光明。也只有這樣，才能讓自己保持健康的心態，再讓健康開啟生活中的另一扇門。

就像是一個故事：曾經有兩個囚犯，從監獄的鐵窗仰望外面的夜空，一個看到的是漆黑的蒼穹，另一個看到的是萬點的閃閃星光。面對同樣的遭遇，前者心中充滿了悲觀，看到的自然是滿目蒼涼，了無生氣；而後者心中充滿希望，看到的自然是星光滿天，一片光明。其實，對待自己的工作也是一樣。一樣的工作環境，一樣的上司和同事，不一樣的就只有自己的態度。窗外有黑暗也有光明，有快樂也有痛苦，就看你怎麼樣去對待和選擇了。

西方哲學家拉姆·達斯（Ram Dass）講過這樣一個故事：

一個病入膏肓、僅剩幾天生命的婦人，整天思考著死亡的恐怖，心情壞到了極點。拉姆·達斯去安慰她說：「你是不是可以不要花那麼多的時間去想死，而把這些時間用來思考如何快樂度過呢？」

拉姆·達斯剛對婦人說這些話時，婦人顯得十分惱火，但當她看出拉姆·達斯眼中的真誠時，便慢慢地領悟了他話中的誠意。她好像明白了什麼似的說：「你說得對，我一直都在想著怎麼死，完全忘了該怎麼活了。」

幾天之後，那位婦人去世了，她在死前充滿感激地對拉姆·達斯說：「這最後的幾天，我活得比前一陣子幸福多了。」

正如一句古詩「苦樂無二境，迷悟非兩心」，婦人就是學會了轉變自己的心態，所以便能在離開人世前感受到最後的生活的幸福，快樂地合上雙眼。如果她仍像以前一樣，一味想著死亡，那她最後的幾天也只能是痛苦地離開人世。

面對工作亦是如此，人們常說職場生涯，身不由己，有很多事情都由不得自己做主，但自己的態度和心態是自己能夠做主的，是自己能選擇的。所以，面對一樣的工作，何不笑看你的工作，讓自己擁有健康、快樂的心態，從而讓自己盡情地享受身邊的一切呢？笑看工作，才會發現工作其實很簡單。

第四章

懂點人情世故沒壞處

職場中常有這樣的情況：有的人做了很多，但升遷、加薪的往往不是他；有的人雖然做的不是很多，但卻引來老闆的讚賞、同事的羨慕，加薪等好事自然也尾隨而至……什麼原因呢？卡內基（Carnegie）曾說：「一個人事業上的成功，只有 15% 是由於他的專業技術，而另外的 85% 主要靠人際關係、處事技巧。」只知埋頭苦幹，不懂人情世故，就會讓自己失去很多。

1. 想老闆所想，做上司的「腹中蟲」

在職場裡，幾乎每一個職員都想成為上司的「心腹」，可想而知，心腹享受的待遇是一般人不能比的。作為上司，不但喜歡下屬對他尊重，也喜歡下屬讓他享受到各式各樣的歡呼與喝采。如此種種，都是需要下屬明白的問題，而後你才能夠成為上司的心腹。

你如果想成為上司的心腹，就要了解他的個性，摸清楚他的喜好，搶在他提問之前就已經把答案奉上。這種做上司「腹中蟲」的下屬就不用愁加薪與晉升了。以下幾點建議，對於想在職場上大展拳腳的人，相信會有一定的幫助。

(1) 搶先奉上答案

在上司提出問題之前，已經把答案奉上的行動，是最深得上司之心的。因為只有這樣的職員才真正能減輕上司的精神負擔，工作交到他手上之後，就不必再占用腦袋空間，可以騰出來牽掛別的事情了。事實上，能夠做到這一點的人並不多，也許可以說，能長期有本事跟上司在工作速率上競賽，而有本事把對手擊敗的，也差不多可以夠有資格當上司了。為此，要成為上司的心腹，即使不能每一次都比上司反應得快，但最低限度要有一半以上的次數不要讓他比了下去。上司在知道你是他助手時，就很自然地會對你信任起來。此所謂「識英雄者重英雄」，再厲害的上司都需要有人才在身邊的。

(2) 了解上司的個性

要成為上司的心腹，有一個不二法門，就是所謂的「跟官要知道官貴姓」。這就是說，當職員想跟定哪一個上司之後，必須要立即對上司的個性進行全面了解。明白了上司的愛好之後，就要看看自己的個性有哪一方面跟上司最配合，便應向哪一方面發展，使上下級之間的感情和關係得以更進一步的融洽。配合上司的愛好有個重要的原則非要謹記不可，那就是不能在完全委屈自己的個性之下進行。換言之，如果上司喜歡打高爾夫球，而你極不喜歡這運動的話，千萬別強自己所難，因為勉強之下的表現一定不見誠意和自然，反而會造成一些尷尬場面。從嚴肅的角度看，上司的經商原則如果與自己做人做事的宗旨相違反，我奉勸一句，早早另謀高就為上。因為不能與上司的想法和原則配合，是絕不會成為他的心腹的，等於在機構內的發展有限，勉強下去，只會自覺委屈，不可能好好發揮自己的才幹。

要想讓上司改變個性作風來配合自己，則是本末倒置的要求，一定不會成功。

(3) 讓上司享受喝采

做上司的不但喜歡下屬對他尊重，也喜歡下屬讓他享受到各式各樣的歡呼與喝采。任何一個上司，都有一份威風八面的潛意識，因為能夠晉升上司，並不容易，其間的奮鬥有多艱辛多勞累，自不待言。他的成就要獲得旁人的證實，這是他認為理所當然的。

這種安排和做法不必設計得很粗俗，只要下屬明白上司的心態，就已經隨時隨地有機會表現。舉一個淺顯的例子：上司請客，喜愛高朋滿座，如果安排來賓位置時計算不準，空位太多，就會顯得冷冷清清，給上司一個錯覺，他是不怎麼夠面子的。最理想是安排實際到會人數比預計的還多百分之十至二十左右，屆時真是賓客滿堂，座無虛席，上司一定開心。這不但保障了場面的熱鬧，而且萬一出現「人滿之患」，上司通常的反應只會高興。

換言之，不必刻意地奉承上司的虛榮感，但不能不知道這是人之常情，在所有業務設計之中，在必要時為上司的這些不能自控的榮譽感受預留一些發展空間，是體面又受歡迎的行為。

讓上司發揮權威。下屬必須明白並滿足上司喜歡教訓下屬、當「教授」的癮頭。告訴你，十個上司，就有九個甚至十個是有當教授的癮頭。換言之，第一喜歡教訓下屬，第二喜歡改下屬呈交的計畫與文件。

你若向大機構的人進行一個採訪，問哪一個部門最不受干擾，絕大多數的答案，都是電腦部門。因為電腦部門專業性較強，不是每一個行業的專家都有電腦的知識。作為上司就算精通本行也無法自稱是電腦專家。為此，上司就不能自持是本行至尊而對電腦部門的同事有諸多教訓和教導。

除了電腦部門這些專業人才之外，不少上司都幾乎會認定自己是萬事通，才坐得上上司寶座的。於是各個部門的下屬，必須有充分的心理準備，一定會被上司做下意識的挑戰，此乃基於上司在事業成功之後的自信心理使然。

老師改學生考卷與導演把影片進行剪接，去蕪存菁，是權威的表現。同樣，上司也喜歡隨時隨地發揮權威以平衡他所要承擔的風險。明白這個情況，就會受上司教訓而甘之如飴，不會有什麼衝突了。

(4) 為上司擋住風險

上司享有只做「好人」，不做「壞人」的專利，否定的答案一律由下屬以各種理由來回絕對方的要求。我們看古裝片或電視劇，同時看到有所謂護駕大將軍，必是皇帝身邊的寵臣，護駕有功，非同小可。在現代的商界社會，上司是公司的皇帝，一樣需要有人護駕。上司所要的護駕當然與古代皇帝的需求不同，前者並無生命之險，只是在很多場合內，要隨時在側，曉得打前鋒，為上司擋住面子上與業務上的風險。

在此舉一實例。有位企業鉅子，是出了名的好好先生，那就是說，任何人跟他談任何事，從來都不會得到一個否定的答案。然而，這並不表示他的機構是有求必應。遇上他真想合作的對象或他肯出手相幫的情況，就會由他親自商議，賣個人情。不然的話，一律由他的下屬以各種不同的理由回絕對方的要求。

事實上，類似上述的情況，也不單是該名企業家的獨有作風，相信很多人都會有此保護自己的防線。也就是說，上司享有不做「壞人」，只做「好人」的專利，這是很普遍的現象。為此，要成為上司的心腹，有必要做好心理準備，發揮護駕功能。

(5) 理解上司

上司不可能在職員面前經常和顏悅色，與他相處的員工千萬別胡亂敏感才好。員工老是覺得上司的面色很難看，對於這種心理障礙，必須克服。上司不可能在員工面前經常和顏悅色，幾乎是一定的了。

其一是上司在下屬跟前不需要堆起笑容來應酬，從好的一方面看是上司下屬有如一家人，不必客氣。從較壞的角度看，上司下意識地覺得不必要再為員工心情上的舒服而增加自己的負荷。要知道，每一分鐘都要記住對人微笑也是很累的。

其二是上司的煩憂一定比員工多，因為員工可以東家不打打西家。上司打開了店鋪門面必須把生意做下去，而且要做得好，否則長期虧蝕，再有財有勢也吃不消。故此，要擔風險的人自然比較緊張，除非必要，否則一定不會終日笑口常開。

其三是做上司的幾乎是每一分每一秒都在思考工作，不停地用腦筋去想人情世故，用眼睛去看、用耳朵去聽那些與業務相關的人與事，集中精神和注意力在生意上頭，很多事就會忽略，有的時候視而不見、聽而不聞，也不稀奇，跟他相處的員工千萬別胡亂敏感才好。

(6) 有技巧地糾正上司的錯誤

絕不能不講技巧地把上司的錯誤糾正過來，令場面尷尬。最惹上司不高興的員工莫如是當上司提出意見時，立即反駁的下屬。這並不是說上司就完全不講道理，不接受意見，不講民主平等。上司所擁有的不只是資產，而且更有他在商場上的閱歷。可以這麼說，絕大多數上司都是業界的前輩，對自己的員工而言，更是當之無愧的前輩。單是為了這一點，都有特權接受後生晚輩的尊重。

這些尊重從主觀角度看，是對上司的地位充分予以致敬；從客觀角度看，以他的經驗和知識為基礎，上司犯錯的比例一般比下屬低。故而即使一件公事的處理，碰巧是上司的錯，他也應該擁有一定程度的被尊重，不可以任由我們下屬搖晃著誰錯誰就應該受到譴責的旗幟，而不為上司留些情面。也要提醒一些年輕人，真要關起門來才好把上司的可能錯誤提出來研究。見過不少年輕行政人員在上司跟業務對手洽談業務時，就很不講究技巧地把上司的錯誤糾正過來，令場面尷尬。如何既防止上司在別人跟前出紕漏而又維持他的面子，是一門行政學問。

(7) 不要以教訓的口氣和上司說話

千萬別「教」上司如何做事，必須要為他預留一個思考的空間。很多人習慣說話時帶著教訓的口吻。尤其是當自己的道理充滿良性的結論之時，更情不自禁地要指點對方迷津。這種情況若是發生在下屬對待上司身上，就不會有結果。沒錯，上司有時的想法與做法未必比下屬好，但以教訓的語調跟上司說話，絕大多數情況不會被他接納，會變得徒勞無功。

這個思考空間代表兩重意義，其一是讓上司自行思考問題，讓他做出決定，維持他在決策上的自尊。其二是對他的經驗和智慧致敬。身為上司應當有足夠資格教人，而不必受人教的。如果下屬把整件事該如何做都詳詳細細地列出來，還逼著他依樣畫葫蘆，不論計畫怎麼好，上司都有可能接受不了。最得上司信任的員工，應貢獻良策，刺激上司思路，再後由上司的口把整體計畫批准下來，而不是由下屬通知上司計畫該如何進行。

2. 抓住機會，適時到主管家做客

人都有各式各樣的社會應酬關係，主管也如此。你可以根據他的過去了解他，也可以從他的親屬、朋友、子女了解他。

對上司而言，部屬的來訪，確是令人欣慰的事。一個連自己的直屬部下都不願親近的上司，總是一個有缺陷的上司。

如果到上司家拜訪做客，對上司的家人要積極給予讚美。對上司的言辭或和其家人的對話，要用比平常更有禮貌的態度，一一清楚地應對。自己舉手投足間，都要隨時保持「高度的警戒心」。

例如，藉一些重大節日的機會，到上司家去拜訪拜訪（千萬別忘了帶些讓人看得上眼的禮物），是一種相當有效的接近上司的方法。

由於經常的拜訪，久而久之，自然會跟上司的家人變得熟悉起來，這時可以不拘小節，但不可過於隨便而忽視應有的禮節。別忘了你是求人者，在彼此的心目中，始終有不平等的界限存在，這是求人者必須時刻提醒自己的。

因此，不管是初次拜訪或座上常客，畢竟和一般訪客不同，一定要知禮數。另外，俗語云「清官難斷家務事」，在外呼風喚雨的人，在家裡可能不堪老婆或孩子的一擊。求人者如果能仔細觀察，就能借力使力省心省事。

要討上司的歡心，應先「收買」其家人的心，尤其是上司的太太。因此，送禮時禮物的選擇，以上司夫人的喜好為第一要素。偶爾在上司家吃飯時，對上司太太親手做的菜餚，更是不可忘記要大大讚賞一番。

對上司的孩子更是應該表示親切，恰如其分地稱讚孩子聰明伶俐，將來一定後浪推前浪，有一個錦繡前程。注意這讚揚一定要具體些，說出孩子在某一方面的天賦或潛質，使上司覺得你稱讚得有道理，如果還能再提出一些培養孩子的合理建議，一定會讓他對你更多一分好感。

當然，自己的上司或者主管，畢竟是高高在上，到主管家做客，除了要舉手投足保持「高度的警戒心」之外，還要選擇合適的時機，掌控好適當的時間。這些對你和主管之間的關係都有非常重要的影響。

3. 學會尊重，不要輕易訓斥他人

有人說，訓斥別人通常獲得的結果有兩個：首先是多了一個敵人，更重要的結果是「事情並不會朝著好的方向有任何的發展」。兩千年以前，耶穌說過：「盡快同意反對你的人。」

在社會中，耶穌的觀點其實並不是什麼新觀念。因為早在耶穌出生的兩千年前，埃及國王就曾給予他兒子一些精明的忠告。即使是今天，我們極為需要這項忠告。四千年前的一天下午，國王在酒宴中說：「圓滑一點，它可使你予求予取。」

在我們的工作中，換句話說，就是不要跟你的顧客、同事或對手爭辯。別說他錯了，也不要刺激他，但要運用一點外交手腕。如果你想知道一些關於做人處世、控制自己、增進品格的理想建議，不妨看看富蘭克林（Franklin）的自傳——最引人入勝的傳記之一，也是美國的一本古典名著。

在這本自傳中，富蘭克林敘述他如何克服好辯的壞習慣，使他成為美國歷史上最能幹、最和善、最圓滑的外交家。

有一天，當富蘭克林還是個年輕人時，一位教友會的老朋友把他叫到一旁，尖刻地訓斥了他一頓，情形大致如下：「你真是無可救藥。你已經打擊了每一位和你意見不同的人。你的意見變得太珍貴了，弄得沒有人承受得起。你的朋友發覺，如果你不在場，他們會自在得多。你知道的太多了，沒有人能再教你什麼，沒有人打算告訴你些什麼，因為那樣會吃力不討好，又弄得不愉快。因此你不可能再吸收新知識了，但你的知識又很有限。」

富蘭克林的優點之一是，他接受了那次慘痛的教訓。他已經夠成熟、夠明智，以致能領悟也能發覺他正面臨社交失敗的命運。他立即改掉傲慢、粗野的習性。

「我立下一個規矩，」富蘭克林說，「絕不正面反對別人的意見，也不准自己太武斷。我甚至不准許自己在文字或語言上措辭太肯定。我不說『當然』、『無疑』等，而改用『我想』、『我假設』，或『我想像』一件事該這樣或那樣；或者『目前我看來是如此』。當別人陳述一件我不以為然的事時，我絕不立刻駁斥他，或立即指正他的錯誤。我會在回答的時候，表示在某些條件和情況下，他的意見沒有錯，但在目前這件事上，看來好像稍有出入等等。我很快就領會到改變態度的收穫，凡是我參與的談話，氣氛都融洽得多了。我以謙虛的態度來表達自己的意見，不但容易被接受，更會減少一些衝突；我發現自己有錯時，也沒有什麼難堪的場面，而我碰巧是對的時候，更能使對方不固執己見而贊同我。我一開始採用這套方法時，確實覺得和我的本性相衝突，但久而久之就愈變愈容易，愈像我的習慣了。而也許五十年以來，沒有人聽我講過些什麼太武斷的話。（我正直品性下的）這個習慣，是我在提出新法案或修改舊條文時，能得到同胞重視，並且在成為民眾協會的一員後，能具有相當影響力的重要原因。儘管我並不善於辭令，更談不上雄辯，遣詞用字也很遲疑，還會說錯話，但一般來說，我的意見還是得到廣泛的支持。」

北卡羅萊納州的凱瑟琳，是一家紡紗工廠的工業工程督導。她提出了她在接受訓練前後，如何處理一個敏感的問題：「我的職責的一部分，」她報告說，「是設計及保持各種激勵員工的辦法和標準，使作業員能夠生產出更多的紗線，而她們也能賺到更多的錢。在我們只生產兩、三種不同的紗線的時候，我們所用的辦法還很不錯，但是最近我們擴大產品項目和生產能量，以便生產十二種以上不同種類的紗線，原來的辦法便不能就作業員的工作量給予她們合理的報酬，因此也就不能激勵她們增加生產量。我已經設計出一個新的辦法，使我們能夠根據每一個作業員在任何一段時間裡所生產出來的紗線的等級，來給予適當的報酬。設計出這套新辦法之後，我參加了一個會議，決心要向廠裡的高階職員證明我的辦法是正確的。我詳細地說明他們過去用的辦法是錯誤的，並指出他們不能給予作業員公平待遇的地方，以及我為他們所準備的解決方法。但是，我完全失敗了。我太忙於為我的新辦法辯護，而沒有留下餘地，讓他們能夠不失面子地承認老辦法上的錯誤。於是我的建議也就胎死腹中。在參加這個訓練班幾堂課之後，我就深深地了解了我所犯的錯誤。我請求召開另一次會議，而在這一次會議之中，我請他們說出問題到底出在什麼地方。我們討論每個要點，並請他們說出最好的解決辦法。在適當的時候，我以低調的建議引導他們按照我的意思把辦法提出來；等到會議終止的時候，實際上也就等於是我的辦法提出來，而他們卻熱烈地接受這個辦法。我現在深信，如果率直地指出某一個人不對，不但得不到好的效果，而且還會造成很大的損害。你指責別人只是剝奪了別人的自尊，並且使自己成為不受歡迎的人。」

有人問和平運動者馬丁·路德·金恩（Martin Luther King, Jr.），為何如此崇拜美國當時官階最高的黑人將軍，金恩博士回答說：「我判斷別人是根據他們的原則來判斷，不是根據我自己的原則。」這就需要切合實際地去了解別人，尊重別人，才能更加有效地實現自己的價值。

同樣的，在美國南北戰爭的時候，李將軍（Robert Edward Lee）有一次在南部聯邦總統傑佛遜·戴維斯（Jefferson Davis）面前，以極為讚譽的語氣談到他屬下的一位軍官。在場的另一位軍官大為驚訝。「將軍，」他說，「你知道嗎？你剛才大為讚揚的那位軍官，可是你的死敵呀！他一有機會就會惡毒地攻擊你。」「是的，」李將軍回答說，「但是總統問的是我對他的看法，不是問他對我的看法。」

這就是在工作中獲得好人緣的有效方法之一，如果你的工作人緣很好，能夠得到同事、上司、下屬的認同和讚美，那麼，這樣的工作環境一定為自己增添幾分快樂因子，讓自己在工作中得到滿足，享受快樂。

4. 友好相處，下屬不是發洩對象

在工作中，下屬是一個公司不可或缺的重要部分，很難想像一個很大的公司裡，只有一個人，既是老闆，又是自己的下屬。所以，作為老闆，你不得不用你的下屬，但如果與下屬相處不好，那將妨礙你的工作進展。

怎樣使下屬人盡其力，心甘情願地為你效勞呢？這就要看你平時怎樣與下屬相處了。沒有人肯與和他有隔閡的人共同生活和工作，和下屬相處也是一門學問，需要一定的技巧。一個公司領導人必須在公司中營造一種融洽的氣氛，這樣員工才會積極工作。

與下屬相處也是要講究方法的，在這裡為大家介紹一下：

(1) 緘默法

有一種行之有效的方法，常常獲得意想不到的勝利，那就是緘默。與迎頭痛擊一樣，緘默常常可以獲得良好的致勝效果。

林肯也曾用同樣的方式，取勝過一個企圖在內亂時期為難他的同僚。這人是位國會議員，還是個禿子。正當內亂緊要的關頭，他跑到林肯總統那裡，請林肯立即告訴他關於前線的實情，他還說：「無論是好還是壞，請告訴我，作為我擁護政府的報答。」林肯總統沒有告訴他實情，因為這是絕對的機密！總統目視了他很久很久，然後對他說了一句：「議員，你的頭剃得多光呀？知道這些就足夠了。」於是，結束了他們的會談。

領袖們對於冒犯他們的人，往往用單刀直入的懲罰辦法，但通常都是在為了使別人沒有反駁餘地時才用。

(2) 激將法

有很多這種類型的人，受了激勵便會挺身而出。雖然不少經驗老到的人，對這種激將法會顯得無動於衷，但也有不少經驗不足的聰明人卻擋不住誘惑。因此，讓他們做有利於自己的事，「請將」不如「激將」。

受人激勵而興奮、躍躍欲試的人，通常有一種很強的不同於旁人的感覺。用激將法去滿足他們的虛榮心，他們肯定會做那些膽大妄為的事情，以顯示身分。事實證明，激將法在大多數情況下都能奏效，因為每個人都不會心甘情願地輸。用激將法去使用人，只要是屬於正當的一類，差不多每個人都會自覺與不自覺地上鉤的。但是，如果我們讓他們赤手空拳地與頑強的獅子搏鬥，他們肯定不會去做。為什麼呢？這就叫做審時度勢、因人而異。因為赤手空拳的人絕不是獅子的對手。

另外，我們要說明的是：凡確定那個人不能做或者他根本不願做的事情，即使用激將法也是徒然。反過來，別人認為輕而易舉且一定能做的小事，即使你不去激他，他也會自動去做。如果他唯恐不如人，並且與大多數人一樣，認為自己去做未必成功，在這種情形之下，激將法往往會奏效。

前美國總統羅斯福（Roosevelt），這位大政治家便是受過「激將」的人。

這位「英雄」剛從古巴回來，就被委任為紐約市市長。這一任命是政治巨擘普拉特（Pratt）下達的。他的意圖是讓這位大膽的騎士參政，讓他為以後登上議會的舞臺做準備。可是，羅斯福馬上遇到了難題，他的對手知道他擔任海軍部長祕書時，在紐約拒絕納稅，並以此大加渲染，指責羅斯福是不合格的公民。

在這吃緊的關頭，羅斯福坐立不安，表現出從未有過的驚慌。他向普拉特說：「我不能留在此地苦鬥了，我想退出政治舞臺。」

普拉特一面讓羅斯福信任他，相信他會幫助他度過難關；另一方面使出巧妙的方法。普拉特對羅斯福說：「乾脆點說吧！此刻的你不是英雄，而是懦夫！」受刺激後的羅斯福憤憤地說：「我絕不是個懦夫！我是騎士，是英雄！」

普拉特獲勝了。經過幾番努力與奮鬥，羅斯福得到了一些著名律師的支援，正式成為紐約市市長。普拉特之所以這麼做是因為他了解羅斯福的性情。至於羅斯福的勇敢不屈，也並非像那些愚蠢的人一樣，更不是一種裝模作樣，那是他功成名就的必經之路。

當時的羅斯福簡直像個無畏的小孩，曾經很勇敢地向「飢餓」與「膽怯」進行對抗，他也曾想辦法去戰勝這突如其來的恐懼。不過，雖然那時他的處境不佳，但他知道在應當的地方，絕不能有半點的疑慮與懦弱。也正是因為如此，普拉特激將法對羅斯福在關鍵的時刻發揮了作用。這個故事很能說明問題，越是不愛服輸的人，激將法對他就越行之有效。

像這類的事件，在生活中是免不了的。一個人在某一階段的情形究竟如何，這是誰也無法預先說清楚的。但是無論是何種人，是領袖，還是平民百姓，是大學者，還是一般職員，總有不如人的感覺，在這種時刻他們都急於將自己的身分表露出來，以掩飾自己的恐懼與虛榮。不過，我們所要了解的是：那個人的虛榮心的性質怎樣？其程度的深淺如何？

了解了這些，才能運用不同的策略去激發他、幫助他或使他致勝。有許多人常常苦於自己的意見不被重視，其實仔細找一找原因，原來根本在於自己沒有明瞭「怎樣讓人採納自己的意見」。如果對方是一個目光炯炯、思想保守的傢伙，我們要向他提建議，就得先思索一下，我們向他貢獻意見的方法用對了沒有。

凡是領袖人物，都明白要別人採納自己的主意，通常是得不到任何報酬的，而且當時也沒有什麼愉快可言，而以後得到的亦只能是一種能力 —— 駕馭人的能力。但有才幹的人常常情願犧牲自己的虛榮心，而求得自己的主張被採納並付諸實施。他們所高興的，只是看到自己的主意受到信任、採納和實施，而不在乎以誰的名義發表、實施。

還有這樣一個故事：

一位著名工程師如何折服一個剛愎自用的工頭。有一次，工程師想在其負責的工程更換一個新式的指數表，但他想那個工頭必定要反對的，於是工程師就略施小計了。據他自己說：「我去找他，腋下夾著一支新式指數表，手裡拿著一些徵求他意見的文件。當我們討論這些文件時，我把那支指數表從左腋換到右腋反覆地移動了好幾次，終於他開口了：『你拿的是什麼？』我說：『哦，你看它做什麼？你們部門裡又不用這個。』我裝作很勉強的樣子將那指數表遞給他，當他審視的時候，我就隨意地、但非常詳細地把這東西的效用說給他聽。他終於喊起來：『我們部門裡用不到這東西嗎？天哪，這正是我早就想要的東西！』」工程師故意這樣採用激將法，欲擒故縱，結果很巧妙地達到了目的。

由此可見，激將法是一種非常有效的方法。

(3) 巧妙暗示法

「巧妙暗示法」也是一種非常實用的良策。因為人總喜歡以最大熱情去表現自己的想法，所以要使別人樂意採納你的意見，最佳的方法，便是讓他們相信這是他自己的創作，而不受人「指使」。用這個方法來面對無論是我們的上司還是下屬，都能保護到他們的自尊心，使他們感覺到自己重要，並努力朝你希望達到的目標努力。

有的時候的確要形成使人有反對餘地的局面，以讓對方小獲勝利。碰到這種情況的時候，我們不妨故意預備好一些無傷大局的枝節，讓對方表示反對，我們做有目的的讓步。

曾經有位畫家，為了達到目的，故意在一幅畫著一隻貓的油畫上，在那貓脖子上再畫一個多餘的紅圈。這幅畫是給一個有古怪脾氣的管理人來鑑定的。他一見此書便咆哮起來：「幹嘛畫上個紅圈！趕緊將它取消！」於是，這位畫家一聲不吭地用顏料把那紅圈塗掉了，這位鑑定者也無話可說了，便願拿出一個較高的價錢將畫買下。這個小小的「紅圈」使畫家戰勝了這位十分難打交道的管理人。

因此，無論在什麼時候，應付別人反對的唯一的好方法，就是在小的地方讓步，以保證大方面的獲勝。另外，在有些特殊場合，應該將你的意見暫時收回一下。

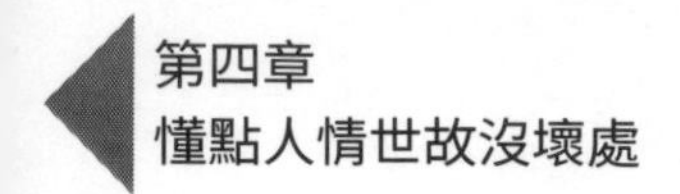

(4) 暗渡陳倉

暗渡陳倉法就是把力氣用在辦事技巧。這種技巧也可分成許多小竅門。下面是關於這個方面的兩個小故事：

美國的著名外交家富蘭克林年輕的時候，曾在離家很遠的倫敦一家印刷廠當學徒。他想打破一些陋規劣習，就是排字的老工人對新學徒要徵收一些不合法的稅，於是他嚴厲拒絕，認為這種不道德的舊規，非打破不可。不料此舉卻使他好幾星期飽受種種捉弄之困苦，於是他想，要折服那些性情惡劣的愚人，唯有先成為其中一員，混為一體後方能慢慢開化。他這樣以退為進地改變策略之後，許多工人漸漸和他建立了友誼。

當戈索爾斯（Goethals）少校受命開鑿巴拿馬運河的時候，他脫掉制服，穿上平民的衣服，親自率領工人工作了起來。當時，大家都很詫異，官吏軍士皆表示不滿，但大多數平民、工人及工程師卻非常高興。

凡是有才幹的人，第一必須要做的，便是對他所屬的團體，無論是社會、國家，或是一家商店、一個學校的習慣表示尊敬。對於那些不注意我們習慣的陌生人，我們不是常常以冷淡、疑慮的眼光去看他嗎？這樣的錯誤，富蘭克林平生只有上面所述的一次。

有才幹的人，還常常對於別人的名字 —— 與每一個人的自尊心有密切關係的敏感的東西 —— 表示尊敬，從而使人心悅誠服。

有許多工程界的領導者，都認為自己應該知道數百或數千工人的名字，以便能常常叫著他們的名字和他們談話。要當一名好的上級，首先便是必須和自己的下屬打成一片，至少要知道他們的名字、專長、愛好等情況。

另外，應當學會去尊重別人的性格、信仰，並且對和他們打成一片表現出積極性。這樣，別人也會尊重你，並且樂於和你交朋友。

總之，要想得到別人的歡迎及合作，你必須知道他個人的癖好。你得常常記住他的癖好和習慣，他們曾經做過些什麼事情，他有什麼東西，他的睿智學識，他的意見以及他的名字，他所尊敬的人物，他缺少什麼，需要些什麼。

你必須不避艱難地用種種方式在不知不覺中表示你對他們感興趣的事情的關切，你要使他們知道你也懂得這些事物，你也很看重這些事情。總之，你必須盡量地利用你所知道的情況與他們溝通。

(5) 巧用幽默法

「巧用幽默法」也是領導者必備的一件法寶。但凡領袖人物，他們無一不精通全盤策略。明槍暗箭、熱嘲冷諷甚至在一定的狀態下動武，無所不能。他們知道每個將才在必要的時候應該有自衛的舉動，必須挺身而出！他們不僅要行使自己的權利，更要維護自己的「自尊心」以及讓人瞧得起他們！如果說凡人沒有敵人的話，那麼偉人定有無疑。

不過，他們從不以引起他人的畏懼為能事。也不是易怒和好鬥的人。他們的原則是：只要爭鬥不可避免，那麼就絕不迴避。如果說不透過爭鬥控制不了大局，那麼爭鬥是不可缺少的上策。

偉人、名人們常用的幾種爭鬥方法，值得我們認真研究。不管他們是與敵人搏鬥，還是僅僅去奚落一個人，他們的策略都大致相同，即用最簡便、最可靠的方式獲勝。而其中的一種爭鬥方式便是幽默。

要知道凡是憤懣，十有八九是誇大的，往往被一種虛榮心或者幻想所促成。當他們向你發洩時，不是認為自己的自尊心受了損害，就是在向你顯示他們的威嚴。所以，不管他的怒氣多麼凶狠或者多麼無知，唯一能使他平靜的辦法是：靜靜地聽他訴說，要表示你在認真地傾聽，表示我們理解他的心情，即使我們不能同意他的觀點，但也要表示極大的理解與同情。

對於一般人來講，即使錯了，也不肯輕易向當事人立即承認錯誤，要他們心服口服地認錯，得費一番心思。他們如果是個較有地位的人，就更難使他們退讓了，這完全是「自尊心」在作怪。如果我們一開頭就急於證明他的觀點是不正確的或者說是愚蠢的，那麼我們自己也做了件傻事，其結果只能是使他們堅持己見。如果我們對他們表示出應有的尊敬和同情，了解他們的真實企圖，然後循序漸進地指出他有可能步入的失誤，我們就比較容易使他們屈尊降貴地來遷就我們的意見。

大多數人都特別需要別人的同情，許多有才幹的統治者都能深明這一點，對那些懷有不滿情緒甚至敵意的下屬，表示同情的心理，使他們覺得自己是可親近的。

敏銳的人在對付反對意見的時候常常盡量地使自己做些「小讓步」。每當一個爭執發生的時候，他們總是在心裡盤算著：「關於這一點能否做一些讓步而不損害大局呢？」

一個領導者應處處為大局著想，並且應善於駕馭他人，不可因小利而破壞全局，不可因小事而失信於他人。領導者是帶領大家前進的火車頭，火車頭一壞，誰也前進不了。

所以，有才幹的人，常常在無形之中消除種種反對意見，然而，一旦這些事情不可避免地發生了，他們首先是傾聽對方訴說，並且向對方表示自己完全理解及尊重他們的意見，然後再陳述解決的辦法及自己的看法。

5. 八大絕招，讓你顯得更「勤奮」

勤奮與懶惰是一對反義詞，也是一對矛盾，二者之間只有一線之隔，如果選擇了前者，後者將會被捨棄，隨後而來的是成功。反之，生活將索然無味。關鍵看你怎樣選擇，怎樣去做。

在職場裡，上司通常都喜歡勤奮工作的員工，可是勤奮並不是每個人都能做到的，於是，就有人想出了這樣幾個在辦公室裡展現「勤奮」的絕招，想試試嗎？不過，這些都是「虛招」。但是，學點這樣的「虛招」，有時也能當「實招」來用。

絕招一：勤向上司發「E-mail」

當你獨立做一個專案時，應每隔一段時間就向上司發一封 E-mail，告訴他你最新的進展。發 E-mail 的時間有時是白天，有時是夜晚，這樣上司能感覺到你一直在努力工作，並且非常重視與他的溝通。

絕招二：辦公桌要堆滿文件和書

只有公司高層主管才有祕書整理辦公室。員工的桌上太過整齊，反而令人誤會你工作不夠勤奮，甚至另有高就呢！有人來找你要文件，你不妨在文件堆中找出來，顯示你工作有多繁重。文件不夠？書總有吧。

絕招三：文件不離手

千萬不要兩手空空。要知道拿著文件的人看上去像去開高層會議的人，手拿著報紙的人則好像要上廁所，而兩手空空的人則會被人以為要外出吃飯。有必要的話，還可拿些文件回家，人家一定以為你是一個以公司為重，不惜用上私人時間處理公務的好員工。

絕招四：讓上司覺得你天天急

旁邊的人煩躁不安，你會覺得他一定有些重要事情要辦吧？對了，所以就帶著有急事要辦的樣子，上司一定以為你盡忠職守。或是在眾人面前，嘆嘆氣，大家一定明白你面對的壓力有多大。

絕招五：總在用電腦

對很多人來說，在辦公室埋首電腦的人就是積極工作的人。但誰知道你在做什麼呢？儘管你在做些跟工作無關的事。

絕招六：時尚詞彙滿口「跑」

有空別忘記多看電腦雜誌，吸收一下流行的資訊科技界術語和新產品介紹。當眾人議論時，這些詞彙便大派用場了。你不停地說，同事還以為你是個電腦通呢！

絕招七：讓上司看見你比別人晚下班

不要比你的上司早下班，最好在別人離開後，在你上司面前出現一下。有重要的郵件要發，則在早上七時和晚上八時以後發吧，上司一定對你的「拚勁」留下深刻印象。

絕招八：利用電話語音信箱減少工作量

如果你有電話語音信箱的話，記住不要勤接電話。善者不來，來者不善。在公司收到的電話通常都是跟工作有關。語音信箱便成了一個極好的甄別工具。如果有人打電話，留言叫你做什麼工作，你便留待午飯時間，趁他們不在，你才回覆電話留言給他們，這樣既不會讓人覺得你沒禮貌，而且又可以把事件延後處理。拖一下下，說不定致電給你的人會再次留言說：「剛才我留下 message，你不用理會啦，我自己已經搞定了。」

當然，我們並不是提倡員工都以這樣的方式去對待工作，如果能夠做到真正的勤奮、刻苦、踏實，相信更能得到老闆的欣賞和提拔。在成功的道路上，除了勤奮，是沒有任何捷徑可走的。在每個成功者的身上，都可以看到勤勞的好習慣。社會不是享樂的天堂，在這個競爭激烈的世界裡，人才雲集，競爭對手強大。所以，任何事情，唯有不停前進方可有生命力，工作更是如此，不前進就是後退。

6. 如何贏得上司的賞識

在職場裡，上級的好惡有時會決定一個人一生的命運，得不到上級的器重，就失去了許多機會。但在一些地方，往往是「做的不如看的」，因此，如何得到上級器重就成了需要精心研究的課題。

要想得到上司的賞識，作為下屬就一定要有點技巧，以實際行動去表現自己，以使自己的表現獲得上司的青睞。以下六大技巧提供職場人士參考：

(1) 把功勞讓給主管

主管是一個部門的頭，部門工作的好壞直接關係到主管的政績。因此，工作能力強弱是對下級的一個評判標準。

上級通常都很賞識聰明、機靈、有頭腦、有創造力的下屬，這樣的人往往能出色地完成任務。有能力做好本職工作是使主管滿意的前提，一旦被人認為是無能無識之輩，既愚蠢又懶惰，便很危險了。但我們完成工作之後，要學會把功勞讓給主管。

人們在講自己的成績時，往往會先說一段話：成績的獲得，是主管和同事們協助的結果。這種話雖然乏味得很，卻有很大的妙用：顯得你謙虛謹慎，從而減少他人的嫉恨。

(2) 成為主管信賴者

上級對下級最看重的一項就是是否對自己忠心耿耿，忠誠對主管來說更為重要。比如一些公司的司機都是主管的「自己人」，如果不是自己人，一些在車上的談話，處理的一些事被傳出去，會造成影響。因此，要成為主管的「自己人」，就要經常用行動或語言來表示你信賴、敬重他，主管在工作中出現失誤，千萬不要持幸災樂禍或冷眼旁觀的態度。

(3) 要學會和上司交談

讚揚不等於奉承，欣賞不等於諂媚。讚揚與欣賞主管的某個特點，意味著肯定這個特點。只要是優點、長處，對全體有利，你可毫無顧忌地表示你的讚美之情。主管也需要從別人的評價中，了解自己的成就以及在別人心目中的地位，當受到稱讚時，他的自尊心會得到滿足，並對稱讚者產生好感。你的聰明才智需要得到賞識，但在他面前故意表現自己，則不免有做作之嫌。

談話時盡量尋找自然、活潑的話題，令他充分地發表意見，你適當地做些補充，提一些問題。這樣，他便知道你是有知識、有見解的，自然而然地發現了你的能力和價值。

不要用上司不懂的專業術語與之交談。這樣，他會覺得你是故意難為他；也可能覺得你的才幹對他的職務將構成威脅，並產生戒備，而有意壓制你。

（4）不要錯過表現自己的機會

常言道：「疾風知勁草，烈火煉真金。」在關鍵時刻，主管會真切地認識與了解下屬。人生難得機遇，不要錯過表現自己的極好機會。當某項工作陷入困境之時，你若能大顯身手，定會讓主管特別器重你。當主管本人在想法、感情或生活上出現困擾時，你若能妙語勸慰，也會令其特別感激。此時，切忌變成一塊木頭，呆頭呆腦，冷漠無情，畏首畏尾，膽怯懦弱。這樣，主管便會認為你是一個無知無識、無情無能的平庸之輩。

但需要注意的是讓功一事不能在外面或同事中張揚，否則不如不讓功的好。對於讓功的事，讓功者本人是不適合宣傳的，自己宣傳總有些邀功請賞、不尊重上司的味道，只能由被讓者來宣傳。雖然這樣做有點埋沒了你的才華，但你的同事和上司總會找機會設法還給你這筆人情債，給你一份獎勵的。

（5）留點毛病讓主管挑

王亮和蔡斌是大學同學，畢業後又同在一個部門工作。每當王亮向主管請示彙報工作時，總是面面俱到，生怕被主管看出問題，挑出毛病。而蔡斌呢？有的時候丟三落四，因此導致主管對其進行一番評判指導。同一項工作，王亮總是靠自己去獨立完成，而部門的其他人總是非常願意幫助蔡斌，甚至主管也不時地對蔡斌的工作予以指點。王亮與蔡斌大學相處四年，對他非常了解。在王亮的印象中，蔡斌是一個非常細心，而且具有很強的獨立完成工作的能力，真沒想到會是現在這個樣子。同事們非常喜歡和蔡斌來往，主管也似乎並不因為蔡斌的粗心大意而不滿，而且有什麼問題還特別願意找蔡斌商量，而對待王亮總是不冷不熱。一來二去，蔡斌在辦公室的地位不知不覺地有了提升，大有未來主管的趨勢。而王亮呢，儘管工作依舊十分努力，卻總是無法得到主管的青睞，王亮對此頗為不解，因此陷入了深深的苦惱之中。

在現實生活中，你遇到的每個人，都會認為他在某些方面很優秀，而一個絕對可以贏得他歡心的方法就是以不著痕跡的方法讓他明白，他是個重要人物。因此你要想方設法地讓他表現出他引以為榮的方面。在主管的意識中，自然認為自己要比下屬高明，所以透過對下屬的工作指導等來表現這一點。下屬某些方面的不足，在上司看來是再正常不過的事了，因此他也十分願意對下屬指點一二，既展示了他的能力，又樹立了他的權威。如果沒有機會表現，對於他來講，無疑是一件苦惱的事。

應該值得注意的是，運用此法要適度。「破綻」過大、過多或過於頻繁則會給予主管能力太差的感覺；遇到主管心情不佳時，不光得不到耐心指點，可能還會遭到責備等等，那可就弄巧成拙了。

(6) 和上級的關係不要太密切

一般上級不願跟下屬關係過於密切，主要是顧忌別人的議論和看法，再來就是他在你心目中的威信。

同時，任何上級在工作中都要講究方法，講究藝術，講究一些措施和手法，如果你把一切都知道得一清二楚，這些方法、措施和手法，就可能會失敗。

和上級保持一定的距離，需要注意哪些問題呢？

首先，保持工作上的溝通，資訊上的溝通，一定情感上的溝通。但千萬注意不要窺視上級的家庭祕密、個人隱私。

和上級保持一定的距離，還應注意，了解上級的主要意圖和主張，但不要事無巨細，了解他每一個行動步驟和方法措施的意圖是什麼。這樣做會使他感到，你的眼睛太亮了，什麼事都瞞不過你。這樣他工作起來就會覺得很不方便。

他是上級，你是下級，他當然有許多事情要向你保密。有一部分事情你只應是知其然而不知其所以然。

和上級保持一定的距離，還有一點需要注意的，就是要注意時間、場合、地點。有時在私下可談得多一些，但在公開場合、在工作關係中，就應有所避諱，有所收斂。

和上級保持一定的距離，還有一個很重要的方面，就是：接受他對你的所有批評，可是也應有自己的獨立見解；傾聽他的所有意見，可是發表自己的意見就要有所選擇。也就是說，不要人云亦云。

7. 不可不知的職場處世法則

現在職場交際越來越廣泛，需要與每個人建立友好的關係，才能夠使自己立於不敗之地，創造成功人生。但是做什麼事，都有技巧可循，職場處世也不例外。掌握一定的職場處世技巧，就能幫你建立良好的工作關係，幫你打造良好的人脈平臺。要做到這一點，就必須掌握下面的 16 種職場處世技巧：

①說話時偶爾引述對方剛才說過的話，以示自己一直在認真地聽，表示自己的尊重和興趣。

②盡可能面帶笑容。笑容也可以幫助你產生信心，當你面對客人的時候，笑意出現在臉上，你就會對自己的交際產生自信，你會下意識地說，我做得到，我會應付得很好。交際時，笑容就可以打消對方的戒備，使你們之間的距離縮短，產生一種親切友好的氣氛。

③盡可能在與對方接觸的初期以名字稱呼對方，產生親切感。在交際中，最大的失誤就是忘記對方的名字，這常常造成很尷尬的局面。如果你要在交際上獲得成功，最重要的就是一定要牢記對方的名字，在見面的時候要能叫得出來，這樣就會一下子在對方的心裡留下對你的好感。

④設法給對方一些東西，即使是一張名片或一張紙條，也會有助溝通及顯示誠意。交際就是為了促進友誼，有時候，友誼要深入發展就須有實際的表示，送一張名片或者寫一張便箋，都會表示你對友誼的重視，會使對方對你產生好的印象。

⑤如果可能要設法與對方做某種簡單的身體接觸（最簡單的是握手）。握手現在成了交際中常見的一種禮節，身體方面的接觸是友誼深入發展的象徵。特別是男女之間的友誼，發展到一定的時間，就要有身體方面接觸的渴望，如果一直不接觸就會使關係漸漸的冷卻。

⑥與對方並排坐能增加親切感，因為說話時與人對面相坐，容易使人產生不友好的錯覺，同時對面坐使人感到不自在，因為使人覺得全部在你的審視下，有一種被你全部掌握的感覺，不利於人際交流。並排或者斜對著坐，就不會產生這種感覺，人就會顯得很隨意，很自然，就會使談話順利而熱烈的進行下去。

⑦和人交談時，一定要看著對方，一方面顯得你很真誠，很渴望聽人說話；另一方面，顯示你很尊重對方，顯示你有禮貌。談話時看著對方，你會發現對方的真實心理，你會進入對方的情感世界，獲得更多的交流資訊。和對方交談時應有約 70%的時間看著對方，以示誠懇。人和人的交流，不光是語言的交流，也有眼神的交流。在說話的時候，人是

流露著豐富的感情，這些感情如果不能交流，那麼談話就會變得枯燥乏味，就會使對方產生厭倦。

⑧交談時要表示親切，可把身體向前靠，兩手張開，最忌兩腿交叉坐。和人交談時，兩腿交叉是在用身體語言表示不合作，這些現在都已經是心理學研究的結果。所以，你在社交場合與人交談就要注意這些細節，避免讓人產生誤解。

⑨如果同意對方的言論應公然表示，並說明為何同意。對方在說話時，有些觀點與你產生了共鳴，你就應該立刻表示贊同，並且說明自己的理解，這樣你就會在對方心裡留下深刻的印象，使對方對你產生好感。

⑩以手勢等身體語言，強調嘴裡說的話。說話時，人的全身都在傳遞訊息，最突出的就是人的手勢，手勢能使話語裡的多餘訊息得到充分的表現，並且能增強說話的力度和強度。

⑪向對方簡要複述他已表達的觀點。說話時，不斷地複述對方剛講過的話，一方面表示你剛才是認真聽取了對方的話，另一方面表達你對對方的尊重，使對方覺得他的話有一定的意義和價值。這樣對方就會對你產生遇到知音的感覺，你就能獲得對方的友誼。

⑫對方說話時應不時透過點頭示意，或說「是」，或發出「嗯」之類的聲音，來表示同意他的論點。交談時，人家在講話時，你要配合講話的內容，不時地做出反應，這是因

為這樣對方就會覺得你在認真地聽，所以，雖然你只是發出「嗯」、「啊」的聲音，但是能表現你們在進行著交流。

⑬設法根據對方的觀點發揮。最使對方對你喜歡的觀點是對對方話語的深入理解和發揮。如果你能把對方的話語發揮到一個高度，讓對方產生自己是很了不起的人物的感覺，那他一定會對你喜歡得不得了。

⑭如果你沒辦法同意對方的觀點，先說你自己的理由，然後才說因為「我對尊見未敢苟同」、「不好意思，你剛才的觀點」等。反對的意見一定要委婉和謙虛。

⑮在交談前要正視對方不應有偏見。人是在交際過程中才能發展友誼，如果你對人事先就有了成見，就會使你在和人交談時不能正確理解對方的話語，即使對方的談話是真誠的，你也不會接受對方的友誼，這就使談話失去了應有的意義。

⑯如果你不懂一件事，千萬不要裝懂；如果說錯了，應當承認說錯。交際場合會涉及很多事情，有些事情是我們的知識範圍之外的，這時候就應該虛心請教別人，千萬不能不懂裝懂。因為這時候不懂裝懂就會產生笑話，就會使你的社交形象受到嚴重的損害。說錯話是常有的事，及時地糾正會使人對你產生敬意，如果錯了還要強辯的話，只能讓人對你產生反感。

職場處世的方法很多，但是，最根本的一點是：懂得尊重對方，讓對方認為自己是個重要的人物，滿足他的成就感。記住你怎樣對待別人，別人就會怎樣對待你。職場處世是人際關係的一種非常重要的途徑，學會職場交際，精明處世，才能交到有價值的朋友，才能立足於社會，才能有助於自己的成功。

第五章

把握一切機會，搭好「晉升梯」

在這個競爭已經「白熱化」的時代，沒有什麼可以保證你平步青雲，一帆風順地登上職場最高管理層的寶座。你在職場欲求晉職，最好的方法就是把握一切機會，替自己搭個「梯子」往上走。機會就像是流動的時間，一旦錯過，就只有感嘆「時不待我」的無奈。

1. 提高自己，踏準晉升的跳板

人們都說「人往高處走」，幾乎每一個職員都想得到晉升，並且是想盡辦法向上升遷，這是無可厚非之事。但現實的職場裡，並非想升就能升，而必須具備有助於升遷的條件。

趙森是一位電腦博士，但很長時間找不到滿意的工作。因為人家怕他不好「使喚」。後來，他動了一個念頭，在找工作時，並不拿出學歷證書，只說自己愛玩電腦，結果很快就找到了一份程式輸入員的工作。在工作中，上司發現他能在過程中發現許多錯誤，並能提出一些實用的建議，覺得他水準不同一般。這時，趙森拿出了學士證書。於是，上司替他安排了一個新的職位。不久上司又發現他有一些過人之處，這時，他拿出了碩士證書。於是，上司又為他重新安排了新的職位。在工作一段時間後，他又拿出了博士證書。結果，上司就非常放心地把整個公司交給他去管理。

現在職場，人才濟濟，競爭的壓力非同一般，要想獲得升遷，光說不練不行。你必須用行動證明自己的實力。以下三點是想要晉升的人首先應該考慮的問題。

(1) 不斷提升能力

假設你是一個普通職員，想爬到主管位置上，那麼，你現在的專業技能顯然不夠用，你需要具備相應的管理能力，以便管理下屬；還需要熟悉相關部門的知識，以便跟他們合作等等。如果這些能力還不具備，就應該盡快學習。等爬上去再學習的想法是不切實際的，誰願意將某個職位交給一個暫時還不能勝任的人呢？除非那些任人唯親的人才會如此。

(2) 運用能力

能力是一把梯子，決定你能爬多高。如果指望別人用雙手將你托起來，就得時時擔心他鬆手。當然，能力並不是個簡單的觀念，主要由以下四個部分組成：

- ✧ 信念：對自己完美的表現有信心。
- ✧ 技巧：能將困難或複雜的技術簡單化。
- ✧ 態度：表現出高水準的積極的情緒傾向和意願。
- ✧ 知識：具備相關的、已經組織好的資訊，而且能夠運用自如。

(3) 尋找升遷機會

並非所有能力都有助於你的發展，也沒有一種能力可以適用於各種職業。尋求新的發展，意味著獲取新能力，而且必須以事業為主，必須清楚自己所必需的能力，以及促使自己表現非凡的能力。

如果自認為升遷成功是你的必然，不妨使用下面的個人發展技巧：

✧ 明確地理解下一個職位目標。
✧ 分別去認識表現成功和表現不成功的人。
✧ 盡可能弄清楚他們成功或不成功的原因。
✧ 參考教科書、自傳等等，以便獲得不同的看法。
✧ 把所崇拜角色的突出能力詳細寫出來。
✧ 把此刻正擔任著你所渴望扮演之角色的人列出來。
✧ 盡可能客觀地按表現「成功」和「不成功」將他們分類。
✧ 比較「最好」和「最差」的做法，看著它們差別在哪裡。
✧ 問明哪種做法有助於成功，並仔細把這種做法的特點寫下來。
✧ 在工作機構外，觀察你所崇拜的表現成功的人士，以得出結論。
✧ 能力分析的關鍵在於對業已扮演該角色的人士做詳細研究，這就需要觀察並積極傾聽他人的敘述。
✧ 把所需的能力和自己目前的能力做個比較，並為填補這道鴻溝而擬定行動計畫。

希望出人頭地是無可厚非的，但這卻不是個人的事情，當你在節節上升之際，無形中會與其他同事競爭，有時甚至要「踐踏」對方才能穩步攀升。這是一個相當「殘酷」的現實。儘管晉升之路很艱難，但只要是依靠自己的能力，把握適當的機會，晉升也不是那樣困難。

2. 晉升有道，搭住機會的梯子

縱觀古今中外，凡是成大事者，之所以能夠獲得命運的青睞，是因為他們都能牢牢抓住機遇。他們不會坐等機會出現，而會積極地開始行動，主動地創造機會，機會也就隨之而來。機遇只偏愛那些為事業的成功做了最充分準備的人。

機會是什麼？機會是當你面對成功的困惑時，她已經披著面紗悄悄地站在你的身旁。如果你是一個有心人，你一定能把她攬入你的懷抱，如果你繼續埋怨或自暴自棄，她就跟你擦肩而過，離你而去。人們常說，人不怕沒本事，就怕沒機會。但是，關鍵在於機會到來之前，你是否已做好了迎接機遇的準備。

機會即機遇，是下級獲得晉升成功的際遇和時機，是得到晉升的前提。機會雖然是偶然出現的，但它也有規律可循，只要你做好各種準備，你與機會的距離就越來越近了。

(1) 要善於發現各種機會

一個人的事業能否成功，人生是否壯麗，在相當程度上要看他能不能贏得和充分利用一次又一次的機遇。

①善於發現機會。機會就存在於我們的生活中，誰也無法預知它來自何方，以什麼面目出現。有時它從「前門」進來，有時它來自「後窗」，有時它以本來面目出現，時而又喬裝打扮為不幸、挫折的模樣。作為下級應慧眼識珠，發現每一個機會。首先，要有開闊的胸懷、廣闊的視野，把眼光放在更廣闊的領域，而不是局限於某個狹小的範圍內或某個單純的管道上。其次，要善於分析，機會常常喬裝打扮，以問題面目出現，如對某一重要問題的解決，其問題本身就為某下級的晉升提供了良機。最後，要樂觀，不要僅看到眼前的問題，還要發現問題後面的機會。

②善於把握機會。機會就在生活的每一瞬間，它稍縱即逝。大凡事業成功者，都善於假借機會，從不放過任何一次機會，哪怕是不起眼的或者是稍有不慎會遭厄運的機會。「幸運之神常前來叩門，但愚昧的人卻不知開門邀請。」很多人以為機會的來臨，大概是敲鑼打鼓，披紅戴綠，不同凡響。其實不然。機會的最大特點就是悄悄來臨，稍縱即逝。就像古諺語說的，機會老人先向你送上他的頭髮，如果你一下沒抓住，再抓就只能碰到他的禿頭了。或者說他先給你一個可以抓的瓶頸，你沒有及時抓住，再摸到的就是抓不住的圓瓶肚子。可見，機會老人是喜歡捉弄人的。你是否經常只「碰到他的禿頭」？如果這樣，請你注意「及時行動」。

（2）要善於爭取機會

下級欲晉升成功，切不可一味等待伯樂上門相才，而要主動爭取施展才華的機會。即使伯樂上門相才，也須有顯露才華的明顯跡象為依據，才能被相中。

①**爭取最熱門和主管最關心的工作**。主管最關心的，是關係到全局利益的較急、較難、較重的工作任務。如果我們能以敏銳的觀察力，理解一個時期內主管的工作思路，以自己的最大才智和幹勁，把主管目前最關心的事情處理好，那麼，無論在業績上還是上下級關係上，都能收到事半功倍的效果。不管將來的考核制度完美到什麼程度，不主動的人絕不會得到好的評價。彙報工作如此，做工作也是如此。只要你覺得有做那件事的才幹和本領，你就盡量去爭取。如果不去爭，就會落在別人後面。

②**選擇同事**。在選擇你的同事時，應該選擇心地善良，程度比你稍低的人為好。心地善良的人不會加害於你，不會在你升遷的關鍵時刻給你腳下使絆子，讓你栽跟頭。程度低一些可以保持他們對你的尊敬和信服，顯示你的高明之處。如果你選擇的同事處處比你強，而且又具有強烈的晉升慾望和競爭性，那麼，在他們沒有得到提拔之前，你就得永遠步其後塵。倘若你要越過他去，是極其困難的。如果你們程度相當，而且誰也不想讓給誰，最後的結果必然是兩敗俱傷。

③**選擇上司**。選準上司對獲得晉升是十分重要的。一般來說，上司是不能由自己選擇的。但是，你可以創造條件去接近心目中認定的比較理想的上司，並疏遠那些不理想的上司。在這裡，提供幾種類型的上司可供你選擇。

第一種是年輕有為，才華學識都在平常人之上，在前程上被人普遍看好的上司。跟著這種上司工作，除了疲累，在個人利益方面可能什麼也得不到。但是，一旦他們被提拔，就會為你空出位置，留下晉升的機遇。

第二種是資歷深、德高望重的上司。他們的權威性和成熟的人際關係可以保證部下在工作中較為順利，在物質利益方面也能為部下帶來這樣或那樣的好處；而且你能從他們那裡學到很多經驗性的東西，更利於創造業績，為晉升做準備。

第三種是清靜無為的上司。他們對名利看得很淡，對自己的提拔想得不是太多，對部下的要求也不怎麼嚴格。你跟著他們工作，唯一的好處就是不疲累，沒有任何壓力和負擔。

還有一種是道德品格和業務水準確實很糟糕的人，他之所以能夠成為這個部門的上司，是因為上級暫時還找不出合適的人來代替他。如果你是一個願冒風險的人，可以選擇這樣的人做你的上司，一旦時機成熟，你可以取而代之。

④**選擇提拔機會較多的單位和部門**。在單位和部門的選擇上，應當選擇那些提拔機會較多的部門工作。例如，企宣部門、科技部門、人事部門。一般來說，只要選擇到這樣的單位和部門，就等於尋找到了晉升的機遇。

再比如，上級主管讓你擔任地區主管時，你最好去那些人口多，地域大，經濟位置重要的地方任職；你要在企業當主管，最好選擇繳稅大戶。應努力掌握上級最關心的熱門工作，你在企業就要掌握經濟效益，掌握市場占有率；你在地區從政就要掌握國民生產毛額的提高，掌握民眾生活的改善，掌握市容市貌的建設等。如果你總是能掌握住這些重要的東西，你在競爭中就會易於獲勝。

(3) 要善於創造機會

俗話說，愚者喪失機會，弱者等待機會，智者把握機會，強者創造機會。強者可以在可能的情況下，透過自己的努力，創造有利於自己晉升的機遇。

①**為機遇創造各種條件**。卡內基說：「等待機會，是一件極笨拙的行為。」因此，不要以為機會像是一個到家來的客人，她在你門前敲著門，等待你開門把她迎接進來；恰恰相反，機會是不可捉摸的精靈，無影無形，無聲無息。她有時潛伏在你的工作中，有時徘徊在無人注意的角落裡，你如果不用苦幹的精神，努力去尋求、創造，也許永遠遇不到她。

②**自己創造機會**。下級在可能的情況下，可以透過自己的努力，創造有利於自己晉升的各種機會。譬如，受到不公正的待遇後，可以成立一個新的組織，並在這組織中擔任重要的職務。

提高知名度的辦法有很多，簡而言之，有四個：

一是藉助大眾傳播媒體的力量，提高自己的名氣，擴大自身的影響。

二是藉助於各種社會活動，不放過任何一種出頭露面的機會，如積極致力於公益事業。

三是開展全方位、多面向的外交，透過交際和遊說，使人們對自己由不知到知，由知之不多到知之較多。

在與老朋友保持聯繫的同時，你還必須多與大眾接觸，擴大交際範圍。知道你的人愈多，對你愈有利，因為往往在這些人當中存在著能為你敲開成功大門的人。

③**成為引人注目的焦點**。要想晉升成功，就必須使自己成為眾目的焦點，讓大眾和上級了解你、信任你、支持你。有些下級雖然才華蓋世、能力超群、成績卓著、年富力強，足可以勝任更高一階職位的工作，但因其才華、能力、成績鮮為人知，終難晉升。

亞特蘭大的哈維·柯爾曼（Harvey Coleman）對於晉升之道提出過新的見解。他在 IDM 工作了 11 年，其中有一半時間是從事管理方面的工作。他是擔任過美國電報電話公司、可口可樂公司以及默克等公司的顧問。柯爾曼根據他在多家大公司的所見所聞，將影響人們事業成功與否的因素做了如下的劃分：工作表現只占10%，給人的印象占30%，而在公司內曝光機會的多少則占60%。

柯爾曼認為，在當今這個時代，工作表現好的人太多了。工作做得好也許可以獲得加薪，但並不意味著能夠獲得晉升的機會。他發現，晉升的關鍵乃在於有多少人知道你的存在和你工作的內容，以及這些知道你的人在公司中的地位影響力有多大。

由此可以看出，曝光機會在晉升中發揮著重要的作用。如果你想得到快速的晉升，最好成為引人注目的焦點。

從某種意義上說，人間處處有機會，機會對每個人都是均等的，只有懂得珍惜它的人才能知道它的價值，只有持之以恆追求它的人才能得到它的青睞。你付出的愈多，你抓住的機會就愈多，你成功的可能性就愈大。相反，你付出的越少，你的機會就越小，成功的希望就越渺茫。

事實上，機遇往往是一種稀有的、條件苛刻的社會資源，如果機遇可被每個人輕而易舉地得到，那麼這種機遇便顯得沒有多少價值了。所以，要得到機遇，必須要付出相當的代價和成本，必須具備相應的足以勝任的資格，而這一切都離不開長期艱苦的準備。而輕易放棄努力的機會，成功也就會輕易地放棄你。

3. 爭取表現機會，吸引上司目光

你的上司絕不會無緣無故地注意到你，更不會主動提拔你。你應該主動去爭取機會來表現自己。要想吸引上司的目光，就要在關鍵時刻露兩手，主動地去表現自己，但要記住：沒有金剛鑽，別攬瓷器活。

身為員工，你應當在自己的工作部門中把工作做得盡善盡美。但也許你所從事的工作，與公司的主營業務並沒有太大的關係，因此，你的能力發揮會受很大的限制。在這種情況下，不要灰心，因為機會要靠你自己的努力去爭取。為了爭取更多的表現機會，你對公司的升遷制度、目標和人際關係必須非常了解。有時，你也應了解上司喜歡員工的工作態度和特質，因為這等同於公司的晉升制度。

爭取表現機會的方法主要有以下幾種：

(1) 不要絕對服從

古人云：「將在外，君命有所不受。」應付庸碌的上司，你是無可選擇地要採取絕對服從的態度。但是，並不是所有的上司都喜歡這樣，特別是精明強幹的上司，會對那些略有些反叛但會為公司利益著想的下屬產生注意。

(2) 主動接受新任務

當上司提出一項計畫時，你可以毛遂自薦，請他讓你試一試，當然，你須掂量掂量自己，以免被上司認為你自不量力。

(3) 不斷創新

讓上司知道你是一個對工作十分投入的人，不僅是這樣，你還要嘗試用不同的方法增加工作效率，使上司對你形成深刻的印象。一個靈活的、不死板的人，總是會引人注意的。

(4) 適當表現自己的能力

擔當瑣碎工作時，你不必把成績向任何人顯示，給人一個平實的印象。當你有機會承擔一些比較重要的任務時，不妨把成績有意無意地顯示，增加你在公司的知名度。這非常重要，因為上司是否會注意你，往往是由於你在公司的知名度如何。掩藏小的成績，渲染較大任務的成績，可發揮名利雙收的效果。

(5) 不要掩蓋自己的成績

上司未必喜歡謙虛的下屬。有時候，太過謙虛反而會吃虧。當你帶領其他員工完成一件艱鉅的任務而向上司彙報時，一定要把自己的作用放在醒目的位置上，不要以為心有謙厚之道，以美德便能取勝，這是書呆子的做法。你自己不說，別人也不會提，這樣上司可能永遠不知道你做了些什麼。

(6) 保持精力充沛

別以為你通宵趕工，一副疲憊的樣子，會博得上司的讚賞和喜悅。因此千萬不要令上司對你產生同情之心，因為只有弱者才讓人同情。如果上司同情你，已經說明他對你的能力產生懷疑。無論在什麼時候，在上司面前均保持一貫的良好的精神狀態，這樣他會放心不斷地把更重要的任務給你。

4. 廣結人緣，晉升之路會更平坦

當今社會，誰也不會否認「人脈即財脈」這句至理名言。的確，在社會這張龐大的網絡中，每一個人只是其中的一點。想要獲得成功，想要在自己的事業上創造輝煌，就要充分利用身邊其他的「點」，也就是利用身在其中的關係網。

廣結人緣，其實就是在為自己製造良好的人際關係網。網結得越多、越堅固，等於你有一筆無形的龐大財富。若以此當作本錢，不管在事業上或生活上都將為你開拓一條陽光大道。人脈即財脈，它是你自立事業最重要的課題和首要任務，也是你財運滾滾的關鍵所在。

但是，廣結人緣不可能只憑一朝一夕的事情，只有日積月累、持之以恆才會獲得令人滿意的成果。在你踏入職業生涯的第一天，就必須做好心理準備。因為好人緣並不是那樣簡單就能獲得的。在機關單位裡，舊同事欺負新同事，本地人欺負外地人，欺軟怕硬的事屢見不鮮。

在一次大型徵才活動上，有一家企業剛剛成立不久，但由於所屬的產業是最有前途的電子業，而且公司的創立者掌握著領先同行的關鍵技術，總經理本身在商界頗有實力，從而助長了這家企業的人氣。應徵者共有一百多名，但是最終進入企業工作的卻只能有三個人。大部分應徵者都被辭退了。

就在這些人要離開的時候，總經理的祕書留住眾人，「各位辛苦了，雖然我們這次沒有足夠的職位滿足大家，但是我們知道，你們都是非常優秀、具有很大潛力的年輕人。現在我們把自己知道的其他企業空缺的職位資訊提供給大家，希望能對你們有所幫助，也衷心祝願你們能如願以償。」大家都覺得很震驚，一個小小企業，雖然初涉商場，居然有如此長遠的眼光！究其原因，乃是因為其他的 90 多人肯定將分別進入各種行業各類公司就職。如果能夠與這些人保持良好的關係，就可以輕易營造 90 多家公司的人際關係。原本看似轉眼即逝的緣分因此變成了企業的人際關係資產。這也是至關重要的一招。

有個已經退休的老人，講了這樣一個故事：他有一個好朋友，兩人來往三十多年，至今仍是最要好的夥伴。原來，他們是同一年進入同一個部隊工作的，他當時是個軍校畢業的大學生，而對方只是一個普通的士兵。後來兩個人都因為出色的工作成績和才幹，被提拔到同一級職位上。再後來，機關需要提拔一個幹部，他們兩個都成為最有可能的候選人，當然也就成為最強勁的競爭對手。許多人都認為他們是理所當然的對手，關係肯定非常糟糕。曾經有些居心不良的人，在兩人中間說些挑撥離間的話。後來，他的那位朋友受到提拔，而他調到了另外一個單位，並且當上了主管。最初他還以為是自己真的才能出眾。原來，這一切都是對方為他安排的，那位朋友憑藉自己的關係，把他引薦給一位朋友，才使得他的事業那麼順利。直到晚年，兩個人都功成身退，老人仍覺得當年良好的朋友關係，為自己帶來了莫大的回報和安寧。

這位退休的老人語重心長地告誡現在的年輕人，一定要和你同期進入公司的員工保持良好的關係。這種良好的人際關係就是你將來的一筆財富。其實，也就是說，對同期進入公司的同事切不可視為競爭對手，而應該盡力去維持朋友關係。不但會活得省心，而且會獲得想不到的幫助和回報。

如果你能在工作上，做到絕對的認真負責，對各種業務非常熟悉、老練，對同事做到誠懇和善、同心協力，對自己私生活做到嚴肅、純正、樸實、健康，就可以說是已經站穩腳跟了。

日久天長，許多同事都會聚集在你的周圍。有工作找你計劃；有困難找你商量；有什麼糾紛，也找你來調解；有什麼關於公共福利的事情，也會推選你出來負責。你在公司的地位也就更加穩固。

事實證明，在工作和生活中，沒有絕對的「獨行俠」，誰都是生活在一個大的社會網中。假如你能和許多人建立良好的人際關係，使他們成為在事業上幫助你的朋友，在生意上照顧你的顧客，這樣一來，相信你事業上的成功之日也一定指日可待了。

5. 無論大廟小廟，平時都要燒香

隨著現代社會的發展，幾乎每一個人都是處在一個競爭的時代環境裡，所以，人與人之間的關係，也逐漸趨於互利性。但是，一般人都有著趨附權貴的心理，而要成大事，雖然不必「奴顏婢膝」，但將其作為一種方式，多一些靠山卻絕不是一件壞事。

在職場上更是如此，想要平步青雲，順利晉升，就要多找一些靠山。不過，在尋找靠山的時候，一定要注意這種趨附不要有勢利眼，要多給小廟裡的菩薩燒燒香。

常言說：「平時不燒香，臨時抱佛腳，菩薩也不會來幫助你。」因為你平時目中沒有菩薩，有事才去找，菩薩哪肯做你的利用工具！這是一個很簡單的道理。所以你請求菩薩，應該在平時燒香，表達你別無希求，不但目中有菩薩，心中也有菩薩，你的燒香完全出於敬意，而絕不是別有用心。一旦有事，你去求他，他對你有情，自然肯幫忙。所以，能做事、善做事的傑出人士，都精於這樣的做法。

一般人都對顯赫的大人物趨之若鶩，精於做事的人也不例外。但是，做事有一定「心機」的人，不會只給「大廟」燒香，他們也非常注意給小廟的菩薩上一炷香。這是他們較一般人的高明之處。因為，香火鼎盛的大廟，燒香的人太多，菩薩注意力分散，你去燒香，也不過是香客之一，顯不出你的誠意，引不起菩薩特別注意，也就是菩薩對你不會產生特別的好感。一旦有事，你去求祂，祂也以眾人之禮相待，不會特別幫忙。

而在平時門庭冷落，無人禮敬的小廟，在這些比較「寂寞」、「鬱悶」的菩薩前燒幾炷香，那菩薩自然會對你另眼看待，將你視為知己。你雖同樣燒香，菩薩卻認為是天大人情，一旦有事，你去求祂，祂自然特別幫忙，即使將來風水轉變，小廟變成大廟，菩薩對你還是另眼看待，認為你不是勢利之輩。菩薩如此，人情亦然。

但什麼樣的人屬於是「小廟」呢？你的同事之中，有沒有懷才不遇的人？或者是正身處困境之中的人呢？如果有，這就是「小廟」，這個同事是個有靈的菩薩，原應該與大廟一樣看待他，時常去燒燒香，逢佳節送些禮物。他是窮菩薩，你送的禮物就要務求實惠。但同時你一定不能奢求他禮尚往來，不是他不知道還禮，而是無力還禮。雖然他不會還禮，但是他日後否極泰來，飛黃騰達，第一個要還的人情當然是你的。他有還情的能力時，你雖然不說，他也會自動還你。

做事時，「小廟燒香」是一種很高深的策略，也是一種讓自己成功晉升的「方法」。當然，有的「小廟」也要經過你自己的分析和觀察，如果是一個「績優股」，那麼，就是「小廟燒香」的時候了。

6. 適當迂迴，退一步是為了進十步

孟子說：「故天將降大任於是人也，必先苦其心志，勞其筋骨，餓其體膚，空乏其身，行拂亂其所為，所以動心忍性，增益其所不能。」

人們在職位晉升的競爭中，也應該有此認知。如果遇到了「強勁的」敵手，不妨暫時忍耐一段時間，或者是採取迴避的策略，以退為進。以下是與不同「強勁」競爭者競爭的策略：

(1) 在貪財的上級面前不要與重金行賄者競爭

如果和你在職位上進行競爭的是一位比較謹慎的變相行賄者，在這樣的競爭對手面前，我們不諳此道的人只有暫時先甘拜下風，退出競爭陣地，而把更多的精力用在我們的工作上了。

(2) 不要與有強硬的「裙帶關係」者競爭

如果你的上級為照顧關係，尤其是還想利用這種關係鞏固自己的地位，而你目前的力量還抵制不了這種不良現象，你就得暫時先避開他們。

（3）不參與陷入明顯派系糾紛的晉升競爭

如果你的晉升，明顯地陷入了某種派系糾紛，成為帶有明顯私人關係色彩的某種矛盾和衝突一方的一個角色，那麼最好慎之又慎，退出競爭。在這種派系競爭中，即使你得到了晉升，日後也是難於發展工作的。

（4）不要競爭露短隱長的職位

如果你透過競爭得到的職位並不符合你的專長，不是揚長避短而是露短隱長，你上去了，很可能就會泯滅了自己的一技之長，那麼實際上你會失去今後更多的機會，同時也會使自己已有的才華和能力逐漸淡化。這種得不償失的晉升是值得認真思考的。

（5）不要和有明顯優勢的人競爭

如果你沒有充分準備，卻有其他更優秀的人選與你競爭時，你最好有自知之明，理智地放棄競爭，然後以更大的努力養精蓄銳，以備再戰。

（6）在風流的上級面前，不要與賣弄風騷的異性競爭

如果你的上級是個風流人物，你的身邊有漂亮的異性同事，並且和你形成了實際上的工作競爭關係，你不妨考察一下，他（她）們如果運用異性的力量與你展開激烈的競爭，你不如乾脆退出競爭，及早讓步。

(7) 如有潛在的更好的晉升機會，不要參與直接的晉升競爭

假如有兩條路讓你選：前者是有晉升的機會，可能直接受到某種提拔和重用，而且等待時間不長；後者是學習、進修、深造或鍛鍊的機會，這是一種潛在的晉升機會，但是時間原因會影響直接的晉升機會。

在這種情況下，審時度勢，選擇後者，不失為一種有效的「急流勇退」。因為你儲備得多，潛力才更大、起點才更高，那麼這種急流勇退式的選擇就是具有遠見卓識的。

(8) 不過早地捲入晉升競爭

在晉升競爭中，要適當克制自己的慾望，不要過分衝動，把自己的急切心情溢於言表，也不要過早地捲入這種競爭之中，否則將為自己的工作帶來不利。

冷靜的態度常常可以使我們做出一些比較客觀的判斷。而一旦發現自己在某次競爭中並沒有把握獲勝，或者根本不可能獲勝，那麼可以暫時瀟灑地退出競爭。

盡可能地忍讓、克制自己的慾望和衝動，便可以發揮後發制人的作用，可以在知己知彼的情況下，獲得競爭中的主動權。

(9) 在平庸的上級面前，不要與溜鬚拍馬和兩面三刀的人競爭

溜鬚拍馬和兩面三刀的人特別善於在上級面前做表面工夫，頻頻地向上級彙報工作。彙報的內容，絕不單純是自己承擔的那點事，而是連同事們每個人的工作態度、信仰、言談話語、業餘愛好甚至家庭婚變的瑣事都在他們的彙報中。時間長了，領導者便會覺得他們忠心耿耿。這類人雖然在道德上為人所不齒，在工作上未有任何成績，但是就憑這一手，也能保證在職務上與別人齊頭並進，在待遇上不差分毫。而且這種人通常並不直接地得罪周圍的同事。所以，儘管時間長了我們對他們有反感，但是還不至於到咬牙切齒的程度。再加上他們多少有點才能，在職位競爭上自然更容易飛黃騰達。如果你沒有更多的能力去制服他們，沒有更多的業績令他們懼服你，那你最好還是避開與他們的競爭。

7. 謀求晉升，四大玄機不可不悟

職場中的晉升方法林林總總，非常之多，其中以下四大玄機為最妙，效果也最好，提供參考：

(1) 先抑後揚法

這種方法是在晉升前先放下身分和架子，甚至讓別人看低自己，然後尋找機會全面地展示自己的才華，讓別人一次又一次地對自己刮目相看，使自己的形象慢慢變得高大起來。

(2) 鳳尾雞頭法

在職位上，有「鳳尾」和「雞頭」之說。有的人寧可當鳳尾，也不做雞頭；有的人寧做雞頭，不當鳳尾。一般來說，一個人在本單位、本部門被提拔到主管職位，其難度是比較大的。但是，想進入決策機構，不一定非得在本部門實現自己的願望。你可以在適當的時機，向領導者提出到基層單位做一個「雞頭」。

(3) 借梯上樓法

一個人在事業上要想獲得晉升，除了靠自己的努力奮鬥外，有時還要藉助他人的力量才能扶搖直上。一般來說，無論引薦者的名望大小、地位高低，只要對你的成功有所幫助，他就是你登上高處的好幫手，他的威信和影響對你都有用處。

(4) 敲山震虎法

最典型的辦法是「敲山震虎法」。拿一張別的公司的聘書來跟你的上司攤牌：「不讓我晉升我就走。」如果公司真的需要你，就不得不考慮重用你。不過，在使出這一招殺手鐧的時候，你可得有十足的心理準備，騎虎難下時，你可能真的隨時得走。敲山震虎的確是很有效的方法，可也是很危險的牌。

你必須很清楚自己手上有什麼，知道上司要什麼才行。須知，稍一不慎，反而要吃大虧了。此外，你跟上司攤牌的方式也大有講究。

晉升之路，當然不會是一帆風順的，但是只要你掌握了一定的方法和技巧，仍然能夠達到目的，甚至是獲得事半功倍的效果。

第六章

不要猶豫，該跳還得跳

無論是剛進入職場一、兩年的「晚輩」，還是久經沙場的職業老手，跳槽已是一個司空見慣、屢見不鮮的字眼。當你面對更高的薪水、職位、待遇，你是跳還是不跳？不能猶猶豫豫，優柔寡斷是心靈的腐蝕劑，更是成功的阻礙磚。面對跳槽，要認真考慮，但不要過於瞻前顧後，該跳槽時就跳槽！

1. 切勿死守原地，同一條路走到底

過去，人們思想觀念十分保守，安於現狀的想法束縛了人們的手腳。如今，隨著經濟的發展，跳槽已是司空見慣、屢見不鮮的一種社會現象。如果你應該跳槽了，卻還是死守原地不動，你可能會失去很多機會。所以，多想想自己以及自己的前途，千萬不要被保守觀念所束縛。

工作是為了什麼，說到底還是為了能夠提高自己的生活品質。當你面對的工作既不能給你很好的學習和發展空間，也不能支持你最起碼的生活所需時，你仍然堅守在「這個死胡同裡」又有什麼意思呢？到這個時候，或許跳槽就成為了一種不錯的選擇。

(1) 為找到一種適合自己的工作

假如一項工作適合自己，就會對自己從事的這項工作感興趣。如果沒有興趣，工作起來就不會投入，不會去吃苦、去鑽研。在這種情況下，能力就得不到發揮。

(2) 為了更好的發展

人們跳槽的目的，是為了自己的長處能得到充分發揮，潛力能得到充分挖掘。在這樣的空間裡，能做出一番事業。相應地，自己的收入也會提高到一個較高的水準上去。

(3) 為有個好的工作環境、好的合作者和好的機制

在一個好的環境裡，自己付出多少，得到多少，都是很明確的。自己做出了多大成績，會有多少收穫，都將是可以按期兌現。在這樣的工作環境裡，人可以很舒心地工作，也可以放心地工作。相反，如果環境不好，不管你做了多少事，上司心裡並沒有數。你做出的成績，可能得不到表揚，反倒有可能遭到挖苦、諷刺。你有成績，可能得到的不是肯定，而是別人的排擠。

如果你在部門裡做得十分出色，一些同事就會嫉妒你，不配合工作，處處給你搗亂，使工作無法順利進行下去，長此下去，對發展前途造成很大影響。在這樣的環境裡，形勢如不能逆轉和改變，一定要跳離這個圈子，否則會誤了自己的一生。

2. 人往高處走，切莫越跳越糟糕

人人都嚮往高薪和豐厚的待遇，人的天性就是不滿足現狀，就是這種天性才使社會在不滿足的情況下前進。人們為了達到自己的目標，不斷地努力奮鬥，有些人為了這個目標，不停地變換著工作，不停地跳槽，希望尋找到適合自己理想的工作職位，實現自我價值。

人們常說，水往低處流，人往高處走，那麼跳槽肯定也應該是越高越好了。有人問，跳槽的目標在哪裡？毫無疑問，應該是更好的工作，我們可以戲稱之為「高槽」，相信沒有哪個人想越跳越糟糕的。那麼，搞清楚什麼樣的槽是「高槽」，對於跳槽者來說，就是起跳前邁出的第一步，也是最重要的一步。

首先介紹一下通常意義上的「高槽」標準：

✧ 可以為員工提供優厚的薪水和周全的福利。

✧ 公司形象好，有較好的企業文化和工作氛圍，尊重個體價值。

✧ 這份工作必須對社會有益，對人類有所貢獻。

✧ 公司能夠不斷向員工提供工作挑戰，引發員工的奮鬥熱情，而他們能充滿興致地迎接考驗。

✧ 同事的水準較高，容易相處。因為，如果公司裡人才濟濟，彼此關係又十分融洽，自然就有更多的學習機會。
✧ 有科學化而規範的人事管理體系，特別是具有科學化的人力資源管理體系。
✧ 公司文化與員工的個性相融，這樣你在其中工作才有家一般的感覺。
✧ 可以提供較多的培訓機會。對於每個人來說，能夠學到東西的工作才是好工作。對企業而言，為員工提供培訓的機會絕不是施恩於他們，而是公司必需的經營與生存之道。

然而，對你個人而言，「高槽」不一定是符合一般標準即可，而是一定要針對自己的特點。例如：真正適合你的工作應該能引發你的工作熱情。每天都能以興奮的心情迎接工作；真正適合你的工作能不斷激發出你的好奇心和求知慾，讓你願意不斷學習，並且立志一生投身於其中，有如魚得水的感受。

另外，從企業發展和個人發展的態勢來看，擇業的重心應依企業規模而異。簡單地說，就是大型企業選文化，中型企業選產業，小型企業選上司。具體來說：

對於小型企業，上司絕對是「靈魂」，他擁有絕對的權威。所以上司的眼光、能力、管理方法和思考模式對企業未來的發展發揮著決定性作用。因此，在選擇小公司時，上司的情況就成了判斷是否可以加入其中的重要依據。

選中等規模企業就應考慮產業問題，這是因為產業與企業的生存空間有很大關係。對於那些規模不大不小的企業來講，規模上也許不占優勢，這樣產業特徵就可能決定未來的發展情況。所以，用發展的眼光來看，選對了產業就等於個人在擇業方面邁出了成功的第一步。

選擇大型企業時，重點考察其企業文化。如果自己與該企業的文化格格不入，就很難被接受或者融入其中。而從企業自身來講，也傾向於吸收那些能接受和迅速適應其文化的人才。

接下來介紹一下「十等級積分法」，用這種方法可以分別考察每一個你看中的跳槽目標，看一看它們對你的重要性如何。我們以 10 分為滿分，假設你選擇新工作的標準如下：

✧ 上司較好（8 分）
✧ 較高的職位（7 分）
✧ 較好的職銜（4 分）
✧ 工作地點較好（6 分）
✧ 福利待遇較好（6 分）
✧ 工作挑戰性高（9 分）
✧ 較高薪水（8 分）
✧ 培訓機會較多（10 分）

接著，依據重要性表中的項目，以你對即將跳槽過去的公司的了解，擬出該公司達到每一項標準的可能性，還是以 10 分為滿分，看它們在這些方面的表現可得幾分。

最後，用這個公式計算一下：

重要性得分×可能性得分＝單項總得分

也就是把選擇新工作標準的「重要性得分」與備選工作單位達到標準「可能性得分」兩個數字相乘。例如：「培訓機會較多」一項在重要性標準方面達到 10 分，而 A 公司達到這一標準的可能性得分為 7 分，那麼 A 公司在「培訓機會較多」項目的單項得分為 10 乘以 7，等於 70 分。同樣的，「福利待遇較好」的「重要性得分」是 6 分，若 A 公司此項得分為 7 分，則其在本項目單項得分為 42 分。

用這一公式可以算出各個備選單位的總分。得分越高，就越符合你理想的工作條件。由於「重要性標準」是根據你的一般希望而定，並非針對任何特定公司，所以，當適合者脫穎而出後，就可以把焦點移到它身上。

如果幾家公司的得分相差不多，就再加入其他因素加以考慮。比如，A 公司的人員流動率很高，讓你不禁有些疑慮……總之，盡可能把想到的因素都列入「重要性標準」，對原本名列前茅的幾家公司再進行一次篩選，總會有一家公司獨占鰲頭，那麼這最後的一個就是最好的選擇了。

這個世界上的每一種工作都有其存在價值，但唯有從事合適自己的工作，才能充分發揮自己的特長，自己的潛力才能得到最大限度的挖掘，這個社會才能得到最大的益處。由此可見，適合自己的才是最好的，不要被社會的限制或標準束縛住。

3. 在決定之前，要守住「口風」

在決定跳槽之前，有些人總喜歡拿跳槽這兩個字來要挾上司，常把「大不了就跳槽」這句話掛在嘴邊。其實，不管是明講或暗示，都不可能達到目的，反而會授人以柄，不明不白地讓人貼上標籤。

所以，雖然你確實打定了要跳槽的主意，並且已經開始著手尋找新的工作了，但是最好不要向你的同事透露這種意圖，哪怕是和你關係最要好的同事也最好不說。俗話說得好。世上沒有不透風的牆。只要你曾經向同事表達過要跳槽的想法，就有可能一傳十、十傳百，最後傳到上司耳朵裡，這可不是什麼好事。很可能你跳槽的事「八字還沒有一撇」呢，就已經傳得沸沸揚揚，使你處於很被動的境地。

所以，考慮綜合因素，在跳槽辭職以前，即使你在工作上有一肚子牢騷，也不要輕易發表。如果要表達工作方面的不滿，也應該盡量讓別人覺得你是就事論事，並且要透露出希望能長期跟公司一起打拚的想法。

另外，找新工作當然要在時間方面有所投入，而你又不能經常請假去參加面試，怎麼辦呢？可以看看你還有沒有什麼名正言順的假可以休，例如年假、探親假、婚假等等。對於那些本應該休而沒有休的假期，也不要放棄。決定跳槽後，要想辦法把這些假期補休完，這樣就可以利用這段時間尋找合適的新工作。既不浪費假期，又有時間找工作，豈不是一舉兩得。

小海是一家雜誌社的記者，在工作了兩年後想跳槽到一家頗有名氣的時尚雜誌社。他剛剛產生了這個想法，就在一次與同事吃飯的時候無意中透露了出去。沒想到說者無意，聽者有心。那個同事居然把這件事傳到了部門主管的耳朵裡。本來小海在部門裡很受器重，但是當他想跳槽的消息傳出去之後，部門主管對他的看法完全變了。

當年小海畢業的時候，雜誌社的主管為了留下他這個名校畢業的人才，花了不少力氣。正式工作後，主管把很重要的專欄分配給還在試用期的他，甚至連社裡不常有的出國交流機會也讓給了他。雜誌社本想培養一名出色的、能在社裡挑大梁的人才，沒料到小海根本不領部門主管的這份情，居然想跳槽，使雜誌社的一番苦心為他人作了嫁衣。想到這些，部門主管怎麼會不對小海產生其他看法呢？

但是，主管的看法對於小海來說其實是誤解。因為，他只是產生了這種想法，到底要不要跳槽，什麼時候跳槽，對於這些問題他都拿不定主意。可是，居然就把想法先透露出去了，使大家對他產生了不該有的誤解，使他今後的處境十分被動。後來，小海向主管做的解釋只產生了「越描越黑」的效果。無奈之下，他只好跳槽到了另一家雜誌社，但是新工作的發展機會遠不如原先的工作。

小海的故事告訴大家，跳槽這種事不能輕易公開，除非你已經把後路準備妥當了。而且，當你運用人際關係，或者委託仲介公司尋找新的工作時，要注意這些人是否跟公司有業務來往，該避開的就一定要避開。

可以利用個人的電子信箱，或是手機來悄悄進行尋找新工作的事宜，千萬不要使用工作單位的電子信箱或者電話與徵才方聯繫，避免行動曝光。等到新工作已經找到，在與新公司簽訂勞動契約以後，再向原公司正式地提出辭職。

在與新公司簽訂勞動契約時，最好約定 30 天以後再就職，這樣才符合《勞基法》的相關規定。如果新公司提出可不可以早一點來，因為現在就很需要你。這時，較為妥當的回答應該是：「恐怕不行。我現在手頭上的工作還有很多事情要交接，在我看來，某月某日應該是我可以開始上班的最早時間。不過，在這期間內我可以抽空來看看，也願意多和您聊一聊，順便多了解一下日後的工作。」

如果你不給原公司喘息的時間，丟下一個爛攤子就走人，頂多讓你解一時之氣，使你討厭的上司忙亂一陣子，但是更壞的影響卻留給了你自己。假如你是在同產業中跳槽，同產業的圈子不會太大，消息傳得比較迅速，你的所作所為很快就在業界傳遍，你的新上司就會對你有所防範。最重要的是，將影響到你今後的職業生涯。

在提出辭職以後，不要在同事面前誇大其詞地大肆宣揚辭職原因或辭職以後的去向；更不要大談新公司給你什麼樣的待遇，也不要講新公司如何有前途，你這種有意無意的優越感，會搞得別人不舒服甚至很反感。這類話一旦傳到上司耳朵裡，他一定以為你在蠱惑人心，並且，誰都不願意做最後一個聽到這種消息的人。如果他「龍顏大怒」，就可能在你想走之時給你製造種種麻煩，這將對你有所不利。

在徹底與原公司辦理完各種辭職手續之前，切莫讓上司知道你辭職的真正原因，你已經找到新工作的得意之色會令他嫉恨，而聽到你對公司的不滿，他更會記恨在心。最好在離職一段時間後再讓原公司知道你的真正去向，以免有小人在背後使壞。

此外，別以為上司同意你走人就萬事大吉了，寫有上司批覆的離職證明一定要拿到手。有些上司可能會翻臉耍賴，說你是擅自曠職，這時你就有憑有據。這樣的上司雖然少之又少，但也不能不防。反正是萬事俱備之後，再去「借東風」，這樣才是最理想的跳槽安排。

4. 不為他人作嫁衣，最重要的還是自己

做個安分守己的人，一輩子當別人的員工，每月領薪水，閒暇時間遊山玩水，似乎也是一種不錯的可以接受的生活方式；但如果你不甘心永遠為別人所操控，你該做的就是大膽走出你原先久待的辦公室，開拓完全屬於你的事業。哪怕艱難，哪怕忙得天旋地轉，到最終你都會覺得這一切是值得的。

幾年前，小李是一個朝九晚五的上班族，在一家廣告公司做設計。那時，薪水不低，工作也不累，又是人人羨慕的「白領人士」，按說他應該心滿意足了。可過30歲生日那天，他突然警醒到：不能就這樣當一輩子的員工。

從那天起，小李開始不安心工作了，總想自己開創一份事業，就像大學剛畢業那時想出國一樣，至今未圓出國夢一直是他的一大遺憾，因此他不想再讓這第二個夢也成為終生遺憾。於是，他開始悄悄規劃起自己的「創業夢」。

對於當時積蓄不多又無權勢的小李來講，開公司難於上青天。手頭不到20萬元的存款肯定過不了申請登記那一關，於是他跑到親友家東拼西湊，直到湊齊50萬元開了家設計工作室，後又在以前一些客戶朋友的幫助下拉得了幾筆生意，

公司還算運轉順利。如今，小李的工作室已經成立三年多，在同行中算是小有名氣，但規模不大，與他以前任職的廣告公司相比，簡直是小巫見大巫，而且收入比以前也沒增加多少，時常還要為公司遇到的短期財政困難奔走求救。但是，他覺得這幾年心裡很踏實，沒有了過去的浮躁，原因他自己很清楚：不論公司大小，自己已經做了老闆，再苦再累是為自己工作。他所做的一切，壓力不是來自外部，它是他所喜歡的，是他不願放棄的。

以前的同事常問小李：當初在公司裡見你不顯山不露水，你為什麼反而能成為老闆？他自己的感受是：能不能做成老闆至關重要之處在於性格。有位先哲說過「性格決定命運」，他相信這句話。如果你有一顆「不安分」的心，再好的公司，再好的工作也不會留得住你；反之，即使百年不遇的機會降臨到你身邊，你也會輕易捨棄。當然，做一輩子受雇者也無可厚非，畢竟沒有一心想做老闆的堅定決心，自己開公司所受的艱難困苦，恐怕是承受不起的。

在職場上，很多人都想為自己工作，夢想圓了自己的「創業夢」。但是，也有很多碰了壁，一頭撞到了高牆上。事實證明，往往是一些敢做「非分之想」又勇於冒險的人，因為勇於嘗試，因為不怕失敗，常常會在事業上獲得別人望塵莫及的成功。

5. 當跳則跳，不要被「道德」束縛住

「跳槽」，在如今是很平常的事，如公司不重用自己，使自己不能正常發揮才能，公司人際關係複雜難以恰當處理，公司有人故意刁難排擠自己，公司效益不好或者是容不下自己等諸多原因，都可為自己跳槽創造一千個一萬個理由，若真想跳槽，還真沒有誰能管得了。

一項研究資料顯示，有一定的工作能力和適應能力的跳槽者，在跳到另一家公司就職後，有 70%左右的人薪資大幅上升，有許多人賺的錢是過去的 4 ～ 5 倍。有的人在原來的公司不被公司重用，不能施展抱負，只有跳槽到適合自己發展的公司去，在那裡如魚得水，方能充分發揮自己的才能。

老張是個非常厚道的人，上大學時是個踏踏實實的好學生，畢業後在公司工作，按部就班地轉正職、升遷。只可惜升到了一定的程度就再也上不去了，因為他的幾個上司只比他早畢業兩年，年齡不相上下，他們不升遷，老張的升遷也沒有什麼希望。

就在這時，公司的另一部門要擴編，有人看中了老張的才識、能力和為人，三番五次來挖，於是老張動心了，想去吧，又覺得張不開口，因為老張在這裡儘管不是一把手，卻

是實實在在的棟梁。好不容易吐露點風聲，又被上司好言相勸給頂回去了，老張礙於情面，就留了下來，依舊「踏踏實實，埋頭苦幹」。

沒想到近幾年，公司有所調整，很多職位提倡用新人，老張只好依舊停留在他原來的位置上。有時老張心裡也會說一句「假如當初」的話，因為那個部門是很有發展前景的部門，當初如果跳過去了，老張很可能已經不是現在的老張了。他的那些老同學都替老張喊冤。可是又於事何補呢？

其實，敬業並不簡單地等同於對一個職業的絕對忠誠，敬業主要指的是一種認真負責的工作態度。「當一天和尚撞一天鐘」，一直是作為「踏踏實實，埋頭苦幹」的反義詞存在的，其實只要你撞得認真、用力、準時，當一天和尚撞一天鐘沒有什麼不對。如果發現自己有能力去撞更大的鐘，而你現在的職位又很難提供你這樣的機會，尋找更大的發展空間是理所當然的。

「踏踏實實，埋頭苦幹」，一直以來都是一句誇獎員工的話。所以有些很善良或很膽小的人在機遇來臨時，除了考慮與工作有關的各個方面，比如薪水、福利、工作狀態、發展空間等等，還會考慮到別人的情面，考慮到別人對自己的看法，幾番猶豫下來，機會錯過了，如果日後證明當初跳槽是對的，就只能後悔了。所以，遇到好的機會，就要當跳則跳，不要被「道德」束縛住。

6. 跳槽走人莫忘帶「本錢」

如果離職時能夠妥善處理人際關係，對你的未來前途很有益處。原公司的同事說不定會在以後給你協助，成為你的個人「人力資源庫」，這將是一筆寶貴財富，對於你在新的公司生存以及今後的發展都有很多的益處，這就是帶著你的本錢跳槽。

所以，在退出原公司的時候，不要以負面的情緒面對所有的事，應該抱積極的態度，進一步接觸某些關鍵人物，像你的主管、合作過的同事、當時招募你進公司的人事主管和其他當初決定錄用你的人等等，感謝他們曾經在工作上和生活上給予你的協助。誰也不能肯定以後就是兩不想見的「陌路人」了。

(1) 保持原有的高起點

在跳槽之後，在新公司的奮鬥就翻開了你人生中新的一頁。與你的新同事們相比，工作環境對於你是相對陌生的，可以說你是處於零的起點上，不過，這是否意味著你的一切都要從頭做起呢？如果是這樣，你以往工作中的一切付出不就都等於白費了嗎？那樣損失就太大了。

其實，你完全可以把新工作的起點設定得比其他人高一點，因為，你以往累積的工作經驗可以幫助你達到這種可能。不論你過去從事的工作與現在有多麼不同，但是在如何待人接物、掌握自己能力等許多方面都是大同小異的，以你在原公司的工作經驗可以總結出很多有價值的東西。所以，其實你並非處於「零」的起點上。

(2) 原有的人際關係不能丟

每個人離開原公司而跳槽的原因都可能不同，比如對上司看不慣、人際關係不如意、事業的前景不好或是對薪水不滿意等等，但是不論出於什麼原因，不管原本的工作令你感到多麼委屈，你也沒必要為一時的痛快，在走的時候把自己與原公司裡的上司或是同事的關係弄僵。你們的關係一旦弄僵，對你來說已經是於事無補，並且還會對你以後的發展有害而無益。

因為與原公司的上司或同事發生爭執，就像是埋下了一顆地雷，以後隨時可能炸響，讓你防不勝防。人生的道路還長，很難斷定我們在以後的工作中一定不會與原公司及原同事發生這樣或那樣的關係，一旦這顆地雷引爆了，就會或多或少對你產生影響，甚至毀了你的前程。所以不管你出於何種原因跳槽，都要給自己留有餘地，不要輕易埋下人際關係的「地雷」。

事實上，跳槽並非是與原公司說一聲「再見」就完事了，就可以一走了之，「揮揮手不帶走一片雲彩」。這種看起來瀟脫的做法，其實會使你無意之中喪失了許多讓你今後受益的東西。因為你在一家公司工作了一段時間以後，你所得到的可能要比你認為的多得多，你與不少的同事產生了親近感，甚至成為好朋友，他們說不定在以後會對你有所幫助，你不妨把他們看成是你的人力資源庫中的資源。所以在你跳槽高就時，不妨珍惜這一機緣，不要輕易丟棄這份寶貴的財富。

跳槽並不是對過去一切的拋棄，只要你好好地總結經驗，把過去的經歷當作一面鏡子時時反省自己，然後校正自己不妥的行為，把自己的長處發揮出來，這是你從過去工作中累積沉澱下來的「本錢」，有助於在你跳到一個新公司後有個高的起點。那麼，你的跳槽更容易獲得成功。

要意識到在現代競爭社會裡，擁有豐富的人力資源有助於你的事業運轉自如。所以當你跳槽的時候，要有保護自己人力資源的意識，從過去的工作裡挖出屬於你的「本錢」來，只有這樣，你過去的時光才沒有白白浪費，即使你是空著兩隻手走出原公司的大門，但其實你已經帶走了一份很有價值的無形資產。

7. 常回家看看，與原來的同事緊密聯繫

在跳槽的過程中，除了少數人跳槽是因為與公司或現任上司合作不愉快而「不歡而散」以外，「人往高處走」應該是大多數人跳槽的理由。跳槽後來到新公司，和原公司的同事或上司保持定期的聯繫，對於協助你穩定情緒，克服對新環境的恐懼感，平穩度過跳槽後的適應期，以及發展新工作大有幫助。

當然也不是每次跳槽都要和原公司鬧得雞飛狗跳。為了自己的事業有更廣闊的發展空間是大多數人跳槽的主要原因。在這種情況下，堅持自己的職業原則非常重要。在離職前的最後一天也要做好分內的最後一件事，讓你的上司自始至終認可你的職業修養；與上司和同事吃上一頓輕鬆的晚餐，也是不錯的道別方式，可以為日後保持良好關係打下堅實的基礎。

有位跳槽者與她的前美籍同事保持著不錯的關係。一次，她在閒聊中無意說出自己想出國留學的願望。幾個月後，她的這位美籍同事就為她寫了一封研究所入學的推薦信，使她的夢想得以實現。

有個跳槽者跳槽後仍然與前任上司保持著聯繫和友誼。

後來，他離開公司自己發展，一開始遇到不少困難和打擊。有一次他回公司看同事的時候，他的前任上司與他分享了很多自己創業時的心得，鼓勵他不要氣餒，還在關鍵的時刻幫了他一把，促使他走向了成功。正所謂「山不轉路轉」，最重要的還是在跳槽時就為自己留下充分的迴旋餘地，在職敬業、恪盡職守，日後才不會難以面對江東父老。

跳槽後你可能遇到直接或間接與原公司打交道的事。與原公司的同事們保持適當的聯繫，在以下幾個方面很有利：

✧ 彼此間的了解有利於相互理解、達成共識。
✧ 有熟人，便於你找到合適的人解決不同的問題。
✧ 可以利用你的「老關係」輕鬆建立彼此之間的信任和友誼。

所以，與過往人脈保持聯繫是絕對必要的。

經常和原公司保持聯繫，既可以避免「臨時抱佛腳」的尷尬，可以透過交流了解產業內的動態。如果你跳槽沒有跳出原來的產業，那麼在同一工作圈中，與原公司交流的機會會很多，更應該多聯繫，共同發展。與過往人脈打交道時還應該恰到好處，不卑不亢，即使你已經有很大的發展也絕不要看不起舊同事。無論怎樣，原公司對你有養育之恩，尊重舊同事就是尊重你自己。「常回家看看」，帶些最新的產業資訊和小禮物回「娘家」，也會為你帶來一些額外的驚喜。

跳槽後別忘了向與你關係不錯的同事留下你的聯絡方式和電話號碼。跳槽後不時給原來的同事打個電話保持聯繫，關心原公司和同事的發展，甚至與前任上司聊一聊產業的發展動態，會為你帶來情緒的穩定和其他意外的收穫。因為，人是有感情的動物，過去的生活不可能不對跳槽者產生影響，新環境也不可能不對跳槽者造成壓力，與過去的生活或多或少地保持一些連繫，可以維持心理發展的連續性，與老同事聊一聊對新工作的看法和感受也會有不少的收穫。

電子書購買

爽讀 APP

國家圖書館出版品預行編目資料

職場攀登術，從平凡員工到高層菁英的逆襲之路：當上司腹中蟲、搭上晉升梯、緊守住口風、巧用先批後讚……從基層到管理，精準無誤踏上升遷的每一步 / 秦搏 編著 . -- 第一版 . -- 臺北市：財經錢線文化事業有限公司 , 2024.02

面； 公分

POD 版

ISBN 978-957-680-734-3(平裝)

1.CST: 職場成功法

494.35 113000113

職場攀登術，從平凡員工到高層菁英的逆襲之路：當上司腹中蟲、搭上晉升梯、緊守住口風、巧用先批後讚……從基層到管理，精準無誤踏上升遷的每一步

臉書

編　　著：秦搏

發 行 人：黃振庭

出 版 者：財經錢線文化事業有限公司

發 行 者：財經錢線文化事業有限公司

E-mail：sonbookservice@gmail.com

粉 絲 頁：https://www.facebook.com/sonbookss/

網　　址：https://sonbook.net/

地　　址：台北市中正區重慶南路一段六十一號八樓 815 室

Rm. 815, 8F., No.61, Sec. 1, Chongqing S. Rd., Zhongzheng Dist., Taipei City 100, Taiwan

電　　話：(02) 2370-3310　　傳　　真：(02) 2388-1990

印　　刷：京峯數位服務有限公司

律師顧問：廣華律師事務所 張珮琦律師

定　　價：299 元

發行日期：2024 年 02 月第一版

◎本書以 POD 印製